常見蔬果
病蟲害
天然防治大全

蘋果屋綠手指編輯部 / 著

Part

1

蔬果常見病蟲害
【防治基礎知識】
你一定要先知道

防治蔬果病蟲害的標準作業流程

在蔬果類作物的病蟲害防治上，有一個大前提，或者說有一套準作業流程，在種植前要特別注意。在我們種植蔬果的區域或是園區裡，一般來說，假設是一個很潔淨的一塊區域，這時我們如果想要種這些作物，就要想到，所有的作物之所以會有病蟲害的發生，不會是突如其來的，一定有環境上的問題。比如環境不適合，加上周圍已經有這些病原菌的存在，隨風飄散過來。當然，蟲害也是一樣的。

病害蟲害最好的防治方式叫做「杜絕」

病害蟲害最好的防治方式叫做「杜絕」。也就是杜絕所有一切會感染的源頭，一一將他們截斷。比如在種植前，一定會選擇蔬果的種子，或者會到苗場去選購蔬菜的苗回來種，當然，用自己留下來的種子來做培育的也是有。如果是買回來的種苗，就一定要特別的注意，儘量是要潔淨、零污染的，這樣就可以避免一開始有帶病菌的麻煩。

另外一部分就是介質，一定要是乾淨的。在選購時，要買比較大廠牌，甚至是國外進口的，可能就比較有保障，如果還是擔心的話，可以針對剛買回來的介質用高溫曝曬的方式，或者用水浸泡，甚至用鍋子把它炒熱，透過高溫的方式來進行殺菌，如此一來，就能確保栽培的介質也是沒有病害的。

設立防蟲機制，達到最大的驅蟲效果

接下來，就要再設立一些防蟲的一些機制。當然最好的方式，就是如果你可以覆蓋防蟲網的話，我們就覆蓋防蟲網，如果沒有辦法的話，可以用另外2個方式來把蟲害趕走，一個是吸引的方式，另一個是忌避的方式。我們甚至可以在作物周邊這種一些氣味比較濃鬱的，或者像是可以分泌一些抗菌物質，或是殺蟲物質的作物像是芳香萬壽菊，就可以防線蟲。

或者種植像是辣椒、大蒜這些有特殊氣味的作物，因為蔥或大蒜，他們的根系會分泌一些硫化物，就能阻絕蟲跟病害，這就是忌避作物地使用。

另外，也可以一開始就在土壤裡面拌入一些石灰、苦茶粕之類，像是苦茶粕中含有苦茶素、皂苷等成分，具有一定的殺菌、驅蟲作用，像是蝸牛或是蛞蝓比較不敢過來，甚至像是切根蟲，碰到含鹼的石灰也不太舒服。

加入苦茶粕，可以提供氮、磷、鉀等主要營養元素。因為氮是植物生長的必須元素，磷是促進開花結果的元素，鉀是提高抗逆性和耐寒性的元素，並且因苦茶粕中含有大量的有機質，可以改善土壤結構，增加土壤保肥保水特性，讓養分在土壤中緩慢釋放，有利於保持土壤的水分。藉由石灰、苦茶粕來改善土壤的酸鹼值、肥力、質地和病蟲害狀況，有利於植物的生長。

甚至可以把一些蘇力菌、或是有結晶狀的矽藻素拌入，會把切根蟲或鱗翅目幼蟲，像是菜粉蝶幼蟲、蚜蟲等等在土壤裡面爬時，能夠劃破其皮膚後，讓他感到不舒服，而吃到蘇力菌的蟲，會因腸道受損進而無法吃東西而死亡。

Part

2

自己的蔬果自己救
【葉菜類】
病蟲害防治對策

1 龜金花蟲以各種作物為食，包括葉菜類、豆科植物、茄科等，主要危害甘薯的葉片及嫩莖。

2 群聚的龜金花蟲會將葉片咬得千瘡百孔，導致葉片黃化、捲曲、乾燥，最終可能脫落。

3 雖然必須剷除，但近一點看，其實龜金花蟲有著非常美麗的外觀。

龜金花蟲

是什麼樣的害蟲

以各種作物為食，包括葉菜類、豆科植物、茄科等。主要危害甘薯的葉片和嫩莖，也因此造成作物受損。群聚的龜金花蟲會將葉片咬得千瘡百孔，導致葉片黃化、捲曲、乾燥，最終可能脫落。

容易發生的部位

葉片

容易遭受蟲害的植物

葉菜類、豆科植物、茄科。

防治對策

在發現龜金花蟲時，可以用手捕捉來減少害蟲數量，或者使用黃色粘板來吸引龜金花蟲自投羅網。利用生物防治也是一種有機防治龜金花蟲的方法，可使用天敵，比如寄生蜂、花　等進行防治，這些天敵可以有效地控制龜金花蟲的數量。另外，定期清除病株、雜草、枯葉和害蟲的寄主植物，就能減少害蟲滋生的環境，避免過量施肥，可減少龜金花蟲的繁殖和危害。

🐛 蝸牛

是什麼樣的害蟲

蝸牛會啃食植物的葉片，會使蔬菜的光合作用受損，影響生長和產量，容易發生在葉片、果實。而容易遭受蟲害的植物，包括葉菜類、瓜類及水果類。

防治對策 蝸牛好發期從 11 月到隔年的 5 月，所以防治時，可在植株周圍撒上引矽藻土、鋸木屑、澱粉、石灰等，當蝸牛行經後會附著在體表上，造成體液黏度增加進而影響到行動。

🐛 蝗蟲

是什麼樣的害蟲

隨著發育成長，食量會增加。如果數量很多時，葉子會被啃得一乾二淨。或導致植物葉片產生許多不規則的洞痕。一般來說，蝗蟲比較擅長跳躍，也因為具有極佳的保護色，所以藏在葉片中，並不容易被發現。

防治對策 成蟲和幼蟲都會啃食葉片。幼蟲大約在 8 月左右會長為成蟲，食量也隨著成長而增加，所以受害程度會大幅增加。養成隨時觀察的習慣，只要發現害蟲的蹤影，立刻撲殺。

🐛 黃守瓜

是什麼樣的害蟲

如果在葉片上看到圓形或是半圓形的孔洞，或者變成網狀，基本上就是黃守瓜的傑作，雖然嚴重時會讓作物枯死，不過主要危害還是在葉片。成蟲會危害葉片外，其孵化的幼蟲會潛到土裡去吃根部，或者會去啃食碰到地面的果實，瓜類所有嫩葉及花朵，十字花科的作物也容易受到危害。

防治對策 針對土裡的蛹或是幼蟲，可以用淹水的方式來進行撲滅。如果有種葫蘆科瓜類的話，在育苗或移植時，就要馬上進行防治。或者利用不同的作物間作、儘量把果實墊高或包起來、使用苦楝油、印楝樹這些味道較重的來噴灑防治。

🐛 瘤緣椿象

是什麼樣的害蟲

主要是在嫩葉以及嫩果上面，如果被他刺吸後，新葉的部分會展不開，就算展開也會變得畸形，且被叮咬過的部位，會出現一圈黃黃的，那就是被咬過的痕跡，容易發病的部位就是葉片。

防治對策 防治方式，可以用市售的蒜頭煤油來進行防治。如果要自行調配，可以用清水：煤油：洗碗精：蒜泥＝5：2：2：1 的比例進行混合即可。除了瘤緣椿象，對於防治一般的椿象、蚜蟲、青蟲、金龜子、螞蟻等等，也有同樣效果。

1. 葉片被小白紋毒蛾幼蟲啃咬之後，就會出現不規則的孔洞。養成時常觀察葉片的習慣，如果發現幼蟲或是蛹，就要立刻抓捕。
2. 夜蛾類比較常見的包括：番茄夜蛾、甜菜夜蛾、斜紋夜蛾，還有煙草夜蛾，其實他們都是叫做夜盜蟲，顧名思義就是晚上才出來。
3. 潛葉蠅的幼蟲主要危害植物的葉片和莖部，會在葉片中挖掘隧道，導致葉片被破壞，而影響光合作用的進行。

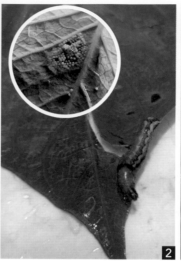

小白紋毒蛾

是什麼樣的害蟲？

幼蟲會群集在葉片上吸食葉片而造成危害，通常在 4-5 月時是發生的高峰期，除了葉片，牠們也會取食花朵。菠菜、小白菜、芥菜、油菜、豌豆、毛豆等容易遭受蟲害。

防治對策

防治上面可以使用蘇力菌＋矽藻素，就可以有效防治。或者用波爾多液、蕈狀芽孢桿菌。礦物油、窄域油這一類的油類也有不錯的防治效果。萬一罹病一定要把殘渣落葉或是罹病太嚴重的葉片修剪移除。

夜蛾類

是什麼樣的害蟲？

斜紋夜蛾比較常見的就是行軍蟲、夜盜蟲。都會危害葉片，尤其是新葉會從葉緣開始咬出不規則的缺刻狀。也會在葉背產卵，等到孵化後，就會開始啃咬嫩芽部位。瓜類葫蘆科、茄科、番茄甜椒十字花科等都容易遭受蟲害。

防治對策

在春秋兩季必須把田間剪下來的葉子及枯枝落葉清理乾淨。設置防蟲網讓蛾類不要飛過來產卵，另外，蘇力菌跟矽藻素，也是用來防治夜盜蟲的利器。

潛葉蠅

是什麼樣的害蟲？

又稱繪圖蟲，當葉片被啃食後，會留下有如圖畫般的白色紋路。潛葉蠅和猿葉蟲的咬痕區別在於潛葉蠅咬痕連貫的較長一點，這是最主要判別點，很容易用眼睛就看出來。幼蟲則會潛入葉中開始不規則的啃食，所到之處就會留下白色的線痕，讓葉片整體美觀大幅降低，菠菜、小白菜、芥菜等都容易受到蟲害。

防治對策

地瓜葉由於生長旺盛，是相對好種的入手作物之一。因此若是蟲害發生太嚴重，其實全部剪掉重新長，會更快速與便利。

1. 炭疽病對於葉片的傷害性會有，但如果發生在果實蔓延開來，基本上就是零收成，對於以果實類來説是嚴重的病害。
2. 病毒病的葉片或花瓣的顏色會變得呈馬賽克狀，葉片和莖會變黃、萎縮，還有葉子、花和果實會產生畸形。
3. 銹病容易發病的部位主要就是葉片，花跟果實也會有，但是很少，主要還是以葉片為主。

✸ 炭疽病

是什麼樣的疾病？

很容易造成葉片上面的危害。還有對於果實也具有一定的傷害性。尤其如果在果實蔓延開來，會影響到收成。對於觀葉植物來說，就會嚴重影響到外觀，甚至會造成植株死亡，在草莓芋、蘋果、柑橘類、豆科都很常見。

防治對策

在梅雨季高溫多濕的環境之下就容易發生此病，如果看到葉片上面有炭疽病的病斑出現，就要趕快把他拔除，或看到一點一點的病斑時就針對重點部位開始噴藥來進行防治。另外，有機無毒的資材，例如肉桂油、波爾多液、石灰硫磺合劑都可以拿來使用

✸ 病毒病

是什麼樣的疾病？

病毒性疾病的起因是植物在被寄生的蚜蟲或薊馬吸取汁液時受到感染。因為是嵌紋病毒，所以葉片上會像馬賽克般鑲嵌不同的黃綠色的斑紋，在葉片上面會造成葉片凹凸不平、皺縮，甚至長得很畸形。

防治對策

基本上如果罹患這個病害，就只能盡早拔除了，因為它沒有任何的藥劑可以進行防治跟治療，即使化學藥劑也完全沒有辦法，所以遇到了就拔掉才是最佳方式。

✸ 銹病

是什麼樣的疾病

銹病由真菌所引起的顧名思義，就像生銹一樣，在葉片上面會呈現橙色、橘色、紅色橢圓形的小斑點，之後會破裂，長出一些粉，像生銹的鐵屑，那是他的孢子，會隨著水還有風來進行傳播，豆類、韭菜、蔥、茭白筍、葡萄、花生較常見。

防治對策

好發的時間，大概 11-12 月，以及 3-4 月這個期間會比較嚴重，所以要進行比較積極的防治。如果有看到枯枝落葉，一定要清理乾淨。看到比較嚴重病斑的葉片或植株，也一定要剪除，保持良好的通風也很重要。使用礦物油、窄域油這一類的油類把他的孢子覆蓋住，讓它失去活性以達到防治效果。

空心菜的病蟲害

又稱為蕹菜、通心菜、空心莱、水蕹菜等。它通常生長在水邊、水溝或田間的濕潤環境中。空心菜的特點是中間是空心的，葉子和嫩莖細長，在夏天是很受歡迎的蔬菜之一。

■ 主要病蟲害　■ 次要病蟲害

Data

空心菜生長期易感染病蟲害一覽表

生長天數	0-10天 生長初期	10-30天 生長中期	30-40天 生長後期
炭疽病			
葉斑病			
白銹病			
細菌性病害			
小綠葉蟬			
桃蚜			
椿象			
龜金花			
斑潛蠅			
葉蟎			

1 說到小綠葉蟬一定會聯想到風靡全世界的臺灣東方美人茶。因為被小綠葉蟬咬到嫩芽後，其口腔分泌物跟茶葉裡的成分起化學變化產生特殊的香氣和風味。

2 蚜蟲的種類繁多，常見的包括黑豆蚜、棉蚜、夾竹桃蚜蟲、蘋果蚜蟲、繡線蚜、白菜蚜等等。

3 瘤緣椿象會對植物造成的影響，在於新芽、葉，或者蔬果類的果實，不僅會造成生長遲緩，也有可能導致植株枯死。

1

2

3

小綠葉蟬

是什麼樣的害蟲？

幼蟲時他的刺吸式口器，會去吃嫩芽或是組織汁液而造成葉芽受損，停止生長。嚴重時會捲曲、葉緣會焦枯像火燒過般。另外也會間接傳播植物的菌質體病害，所以他也是媒介昆蟲之一，所以要好防治。

桃蚜

是什麼樣的害蟲？

基本上他會讓所有的新葉皺縮、長不大，不會展開，讓頂芽沒有辦法正常生長。另外，他也會分泌蜜露，然後誘發煤煙病。通常都喜歡群聚在嫩芽的地方，還有葉背。

瘤緣椿象

是什麼樣的害蟲

牠們的種類非常多，當椿象被觸碰到時，常會射出臭液，會造成葉片灼傷。主要是在嫩葉以及嫩果上被他刺吸，新葉的部分會展不開，就算展開也會變得畸形。

防治對策

好發在 5-7 月這個時間點，一定要定期的清除栽種區域的雜草、改善通風以減低蟲的密度。或者可以用一些有機肥或增加植物的抵抗力，或是用噴水的方式提高空氣濕度。用礦物油稀釋 500 倍，或者噴苦楝油、葵無露稀釋 200-300 倍全株來做噴灑，這樣也是有效的。

防治對策

使用有機無毒的防治方式，可以用天敵防治法，可以釋放草蛉的幼蟲，因以他是以蚜蟲為主食。也可以利用油劑防治方式，比如可以使用葵無露、窄域油、苦楝油、樟腦油或是柑橘精油這一類做為防治，效果也很不錯，瓢蟲幼蟲也可以。

防治對策

牠們會藏身在落葉底下或雜草地越冬，所以落葉和雜草的清理要徹底執行。防治時可以用市售的蒜頭油來進行防治。如果要自行調配，可以用清水：油：洗碗精：蒜泥＝5：2：2：1 的比例進行混合即可。除了瘤緣椿象，對於防治一般的椿象、蚜蟲、青蟲、金龜子、螞蟻等等，也有同樣效果。

10 染上細菌性斑點病時，會長出有如水漬或油漬狀的病斑，病斑周圍會出現黃暈。

11 葉斑病主要是危害葉片，在發病初期，葉片表面會出現圓形褐色的水浸狀小斑。

12 葉斑病嚴重的話，會擴大為不規則的斑狀，等到罹病嚴重，整個病斑匯集在一起，葉片就會出現局部性的黃化或乾枯。

❁ 細菌性斑點病

是什麼樣的疾病？

染上細菌性斑點病時，會長出有如水漬或油漬狀的病斑，病斑周圍會出現黃暈，只要發現病葉就立刻摘除，小黃瓜、南瓜、西瓜、毛豆都容易受到感染。

❁ 葉斑病

是什麼樣的疾病？

主要是危害葉片，在發病初期，葉片表面會出現圓形褐色的水浸狀小斑，之後會擴大為不規則的斑狀，等到罹病嚴重，整個病斑匯集在一起，葉片就會出現局部性的黃化或乾枯。

容易發生的部位

很容易造成葉片上面的危害。

防治對策

一旦發現發病的葉片，就要趁早拔除。病原菌會藉由水滴傳播，必須改善排水，墊上塑膠布以防止泥水飛濺。澆水時要澆在植株底部。此外，避免密植，並修剪過於茂密的枝葉，以確保日照與通風良好。

防治對策

萬一罹病，一定要把殘渣落葉，或是罹病太嚴重的葉片給予修剪移除。葉斑病會從梅雨季一直到秋天颱風來時，所以主要防治方式還是趁早清除發病的枝條和葉片，再把落葉清掃乾淨，淨空植株的周圍。澆水時也要遵守澆在底部就好，不是直接澆在葉片上。若為發病初期，可以噴灑蘇力菌來防治。

青江菜的病蟲害

青江菜的生長期通常需要 40 天，在適宜的生長條件下，青江菜的生長速度較快，可以在短時間內生長成熟。不過生長期也會受到種植時期、氣候、土壤品質和栽培管理等因素的影響。

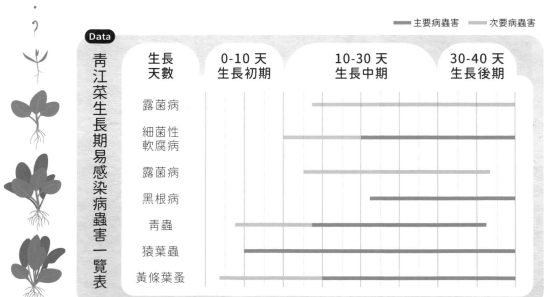

■ 主要病蟲害　　■ 次要病蟲害

Data 青江菜生長期易感染病蟲害一覽表	生長天數	0-10 天 生長初期	10-30 天 生長中期	30-40 天 生長後期
	露菌病			
	細菌性軟腐病			
	露菌病			
	黑根病			
	青蟲			
	猿葉蟲			
	黃條葉蚤			

🐛 小菜蛾

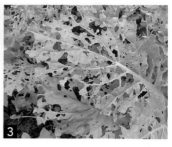

1 被小菜蛾啃食過的葉片，可以明顯看到布滿孔洞，甚至至剩下葉脈。

2 造成小白菜的葉片有不規則之孔洞，殘破不堪，有些還會啃咬葉柄，讓整株植物都不堪食用。

3 包括大白菜、花椰菜、芥菜、油菜等，小菜蛾所到之處，葉片都會出現嚴重的咬食型態。

4 以葉片為食的小菜蛾，嚴重時可能導致植株枯黃甚至死亡。

5 小白菜在幼苗時期，往往是小菜蛾眼中的美食，吃完這棵，繼續吃下一棵。

是什麼樣的害蟲？

小菜蛾的幼蟲被觸動時會吐絲下垂，所以又稱為吊絲蟲。是以蔬菜葉片為主，由於其繁殖能力強，抗藥性高，危害廣泛，比如十字花科植物的高麗菜、大白菜、芥菜、油菜等。

容易發生的部位

葉片

容易遭受蟲害的植物

大部分都是十字花科還有柑橘類芸香科的蔬果等等。

防治對策

如果能夠用網子作隔絕當然最好，但如果沒有網子，可以選擇噴藥。一般家庭園藝來說，會建議使用蘇力菌與矽藻素一起配合，因為蘇力菌含有毒蛋白，矽藻素是結晶狀，當小菜蟲在行進的時候，晶體可以劃破他的皮膚，讓他受到感染。所以蘇力菌從內部攻擊，然後外面又有矽藻素結晶狀造成的外傷，很容易就可以殲滅。以目前來說，這樣的防治效果是非常好的。

1. 猿葉蟲成蟲為黑色或者黑藍色帶著金屬色澤的圓型小甲蟲，會在葉片形成不規則之大孔。
2. 猿葉蟲會把葉子吃成殘破不堪的破碎狀，有些還會啃咬葉柄，讓整株植物都不堪食用。
3. 病毒性疾病的葉片或花瓣的顏色會變得呈馬賽克狀，葉片和莖會變黃、萎縮，還有葉子、花和果實會產生畸形。

🐛 猿葉蟲

是什麼樣的害蟲？

猿葉蟲的幼蟲會以葉片為主要食物，因此會造成葉片被啃咬和破壞的情形，不僅影響小白菜的生長，同時也讓外觀大打折扣。

防治對策

在種植前，可以將盆栽或要種植的區域浸水 48 小時，把土中的卵、幼蟲及蛹淹死，或者將土進行曝曬來減少蟲源。另外，清除近地面的老葉也能有效降低密度；噴施苦楝油或施放黃色黏板、水盤誘殺成蟲，也是一個不錯的防治方法。若發生在種植期間，可以食品級矽藻土稀釋 200-500 倍進行噴灑，或每週施用 2 次白殭菌來進行防治。

❋ 病毒病

是什麼樣的疾病？

病毒性疾病的起因是嵌紋病毒，所以它像馬賽克一樣的鑲嵌不同的黃綠色的斑紋，在葉片上面會造成葉片凹凸不平、皺縮，甚至長得很畸形。葉片顏色沒辦法變成綠色，甚至葉片就是長不大，植株矮矮的，結出來的果實，一樣就是凹凸不平，色澤很雜亂、不均。

防治對策

在高溫多雨的時候，一些刺吸式口器的昆蟲，像是蚜蟲、粉蝨、薊馬都會傳播病害，所以在防治上，就是在這些蟲害的好發季節，就要進行防治。但基本上如果罹患就要儘早拔除。因為它沒有任何的藥劑可以進行防治跟治療，即使化學藥劑也完全沒有辦法，所以遇到了就拔掉才是最佳方式。

🐛 小菜蛾

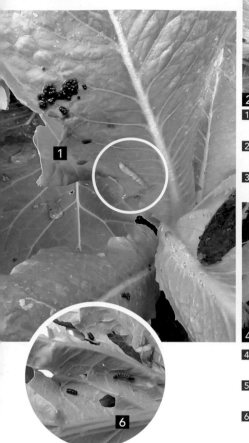

1 比起小菜蛾，他們會在葉片上留下更容易察覺的深色糞便，沿著找就能找到蟲蟲蹤跡。

2 幼蟲主要以蔬菜葉片為食，被小菜蛾啃咬過的葉片，會產生許多小洞或不規則形狀的斑點。

3 定期檢查蔬菜葉片的上、下表面，因為從幼苗的生長初期，葉片的邊緣和葉脈附近很容易找到牠的蹤跡。

4 造成葉片形成不規則之孔洞，吃成殘破不堪的破碎狀，有些還會啃咬葉柄，讓整株植物都不堪食用。

5 及早發現並採取措施對抗小菜蛾是非常重要的，因為牠們可以迅速繁殖並對蔬菜產生嚴重的破壞。

6 有時在同一片葉子上會發現除了小菜蟲之外的害蟲，像是毛毛蟲之類的其他害蟲。

是什麼樣的害蟲？

小菜蛾的幼蟲有著碧綠的體色，是以十字花科的植物為食，經常可以在花椰菜、包心白菜、甘藍菜、蘿蔔等作物上發現。比較明顯的一個特徵就是在葉片危害的附近，會發現留下黑色大便。

容易發生的部位

蔬果的葉片

容易遭受蟲害的植物

大部分都是十字花科還有柑橘類芸香科的蔬果他會比較喜歡。

防治對策

2 月到 5 月比較嚴重，防治應該是過完農曆年後，就要開始了。所有的昆蟲類能夠用網子作為隔絕是第一要務。如果是噴藥，會建議使用蘇力菌與矽藻素一起配合，對於這些鱗翅目的幼蟲不管是紋白蝶或者是其他的夜蛾類防止效果都非常好。因為蘇力菌含有毒蛋白，矽藻素是結晶狀，當毛毛蟲在行進的時候，晶體可以劃破他的皮膚，讓它受到感染。

7 蝸牛會啃食植物的葉片，蔬果的幼苗也是啃食的對象，會導致植物死亡或生長受阻。

8 青蟲是紋白蝶幼蟲期，食量很大，通常會由葉片的那個葉緣開始蠶食葉片，然後呈現一些不規則的一些形狀。

9 猿葉蟲會對植物造成的影響，在於新芽、葉，或者蔬果類的果實，不僅會造成生長遲緩，也有可能導致植株枯死。

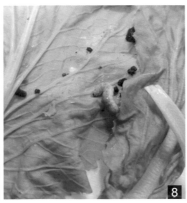

🐛 蝸牛

是什麼樣的害蟲？

蝸牛會啃食植物的葉片，會使蔬菜的光合作用受損，影響生長和產量，容易發生在葉片、果實。而容易遭受蟲害的植物，包括葉菜類、瓜類及水果類。

防治對策

蝸牛好發期從 11 月到隔年的 5 月，所以防治時，可在植株周圍撒上引矽藻土、鋸木屑、澱粉、石灰等，當蝸牛行經後會附著在體表上，造成體液黏度增加進而影響到行動。

🐛 青蟲

是什麼樣的害蟲？

青蟲就是紋白蝶的幼蟲時期，一般來說，牠的食量很大，通常會由葉片的那個葉緣開始蠶食葉片，然後呈現一些不規則的一些形狀，嚴重的時候，會吃到只剩下葉脈。大部分的十字花科還有柑橘類蕓香科的蔬果都難逃他的肆虐。

防治對策

家庭園藝會建議使用蘇力菌與矽藻素一起配合，對於鱗翅目的幼蟲不管是紋白蝶或者是其他的夜蛾類防止效果非常好。這是因為蘇力菌含有毒蛋白，矽藻素是結晶狀，當毛毛蟲在行進的時候，晶體可以劃破他的皮膚，讓它受到感染。所以蘇力菌從內部攻擊，然後外面外面又有矽藻素結晶狀造成的外傷，很容易就可以殲滅。

🐛 猿葉蟲

是什麼樣的害蟲

一般多在甘藷苗床期發生，成蟲為黑色或者黑藍色帶著金屬色澤的圓型小甲蟲，牠會在葉片吃成不規則的破碎狀，有些還會啃咬葉柄，讓整株植物都不堪食用。

防治對策

清除近地面的老葉也能有效降低密度；噴施苦楝油或施放黃色黏板、水盤誘殺成蟲，也是一個不錯的防治方法。若發生在種植期間，可用食品級矽藻土稀釋 200-500 倍進行噴灑，或每週施用 2 次白殭菌來進行防治。

芹菜的病蟲害

芹菜可以和洋蔥、大蒜、韭菜這些具有強烈香味的植物混植，可以幫助防止芹菜周圍的害蟲，或者與生長習性互補的茄子、辣椒混植，有助於提高土壤的生機，減少病蟲害的擴散。

━━ 主要病蟲害　　━━ 次要病蟲害

Data 芹菜生長期易感染病蟲害一覽表	生長天數	0-10 天 生長初期	10-30 天 生長中期	30-40 天 生長後期
	黃萎病			
	葉枯病			
	細菌性葉斑病			
	甜菜夜蛾			
	斜紋夜蛾			
	蚜蟲			
	潛葉蠅			

🐛 蚜蟲

1 蚜蟲會讓所有的新葉皺縮、長不大，不會展開，讓頂芽沒有辦法正常生長。

2 蚜蟲的種類繁多，常見的包括黑蚜、棉蚜、夾竹桃蚜蟲、蘋果蚜蟲、繡線蚜、白菜蚜等等。

3 蚜蟲會在植物葉片和嫩莖上刺吸汁液，會使得植物受到傷害，輕者會導致葉子變黃、嚴重者可能導致植物死亡。

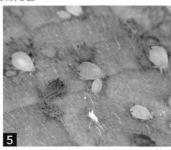

4 蚜蟲會傳播各種植物病毒，而這些病毒可能對蔬菜造成更嚴重的損害。

5 蚜蟲對環境的適應性很強，可以在各種環境條件下生存，並且在短時間內增加數量。

是什麼樣的害蟲？

蚜蟲的排泄物會引誘螞蟻靠近，所以只要看到爬上爬下的螞蟻，表示有蟲的存在。蚜蟲不只吸食植物的汁液，也會成為嵌紋病等病毒性疾病的媒介。黏稠的排泄物會成為黴菌的養分，也可能導致煤煙病，這是因為蚜蟲會分泌蜜露，然後誘發煤煙病，傳播一些病毒，所以說是媒介昆蟲，不論是成蟲或是幼蟲，通常都喜歡群聚在嫩芽的地方，還有葉背，基本上大部分的觀葉、花卉、蔬果都會有。

防治對策

一般來說，在春天到夏天的旱季期間，非常容易發生。但一年四季都要做預防，因為只要看到新葉上有一點點的紅斑。其實卵就已經非常多了，所以一看到就要趕快做防治。如果使用有機無毒的防治方式，可以用天敵防治法，或者，也可以利用油劑防治方式效果也很好，像是可以使用葵無露、窄域油、苦楝油、樟腦油或是柑橘精油這一類做為防治。治效的重點就是在新葉的地方，還有葉背，一定要做重點噴灑。

莧菜的病蟲害

莧菜的品種分為白莧和紅莧兩大類，白莧的葉片為綠色，紅莧葉綠中帶有紫紅斑，又稱為「鳧葵」、「荇菜」、「莕菜」，種植時要選擇抗病品種，保持植株通風，避免濕潤的環境，及時移除受感染的植株。

■主要病蟲害　■次要病蟲害

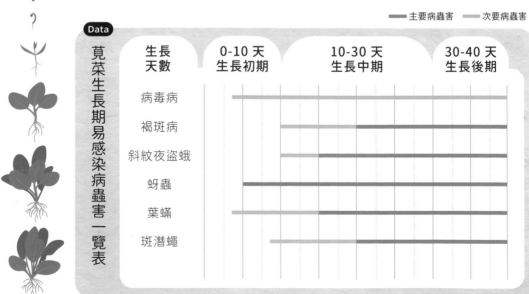

生長天數	0-10 天 生長初期	10-30 天 生長中期	30-40 天 生長後期
病毒病			
褐斑病			
斜紋夜盜蛾			
蚜蟲			
葉蟎			
斑潛蠅			

莧菜生長期易感染病蟲害一覽表

🐛 斜紋夜盜蛾

1 被斜紋夜盜蛾啃咬過的葉片，會造成葉片上出現大大小小的穿孔。

2 斜紋夜盜蛾的幼蟲會直接吃穿葉片，造成葉片形成不規則之孔洞，吃成殘破不堪的破碎狀，

3 葉片邊緣咬食，造成葉片邊緣呈不規則狀。這種損害使葉片的外觀變得不美觀，同時也影響了葉片的功能。

4 這些穿孔不僅影響葉片的光合作用，還削弱了葉片的結構。有些還會啃咬葉柄，讓整株植物都不堪食用。

5 在重度感染的情況下，斜紋夜盜蛾的幼蟲可能會大面積地啃食葉片，導致整片葉子凋萎甚至脫落。

6 夜蛾類比較常見的包括：番茄夜蛾、甜菜夜蛾、斜紋夜盜蛾等等，都是在晚上出沒。

是什麼樣的害蟲？

斜紋夜蛾比較常見的就是行軍蟲、夜盜蟲，通常斜紋夜蛾、番茄夜蛾、甜菜夜蛾、都會危害葉片，尤其是新葉的部分，會被牠咬成一個洞、一個洞不規則的形狀。

容易發病的部位

新芽、新葉的部分，會在葉背產卵，等到孵化後，就會跑到嫩芽的地方，然後開始吃這些部位。

容易感染的蔬果

瓜類葫蘆科的蔬果、茄科、番茄、甜椒、十字花科這些蔬菜類，還有豆科作物；青蔥也是甜菜夜蛾很喜歡吃的作物之一。

防治對策

通常是在春秋兩季，大概是 3 - 5 月，9 - 11 月的這個期間，會比較容易發生，作法首先一定要把田間剪下來的葉子以及枯枝落葉這些植物殘體，把它清理乾淨；設置防蟲網來杜絕，或者使用蘇力菌跟矽藻素，也是用來防治夜盜蟲的利器；再來可以用黑殭菌跟白殭菌這些益菌來做防治。另外，使用性費洛蒙把成蟲吸引到捕蟲盒裡面，這樣的效果也蠻好的。

菠菜的病蟲害

菠菜適合生長在排水較好，有助於防止水分滯留土的土壤中，如此可以避免菠菜根部過度浸泡，減少根部病害的發生。適宜 pH 範圍在 6.0 到 7.0 之間，土壤的酸鹼度適中，有助於菠菜能充分吸收養分。

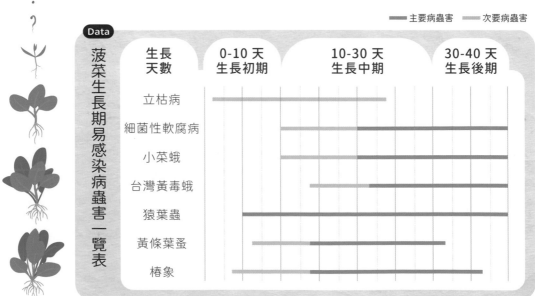

━━ 主要病蟲害　　━━ 次要病蟲害

Data

菠菜生長期易感染病蟲害一覽表

生長天數	0-10 天生長初期	10-30 天生長中期	30-40 天生長後期
立枯病			
細菌性軟腐病			
小菜蛾			
台灣黃毒蛾			
猿葉蟲			
黃條葉蚤			
椿象			

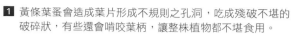

1 黃條葉蚤會造成葉片形成不規則之孔洞，吃成殘破不堪的破碎狀，有些還會啃咬葉柄，讓整株植物都不堪食用。

2 黃條葉蚤會造成葉片被啃咬和破壞的情形，不僅影響生長，同時也讓外觀大打折扣。

3 黃條葉蚤會跳來跳去，身上有兩條黃紋，非常的小，大概只有 0.2- 0.3 公分左右的害蟲，非常難防治。

黃條葉蚤

是什麼樣的害蟲？

他常常會讓葉菜類的葉片有大小不一的孔洞出現，春天到夏天的菜量很少又貴的原因一方面也是因為他的危害很嚴重，尤其是從定植以後 1-2 週的這個期間危害最嚴重，會造成密密麻麻的孔洞，完全不具經濟價值。

容易發生的部位

葉片

其他容易遭受蟲害的植物

基本上所有十字花科的作物，比如小白菜、青江菜、甘藍、芥藍、包心白菜、蘿蔔、蕪菁等等。

防治對策

全年都會發生，尤其從春天到夏天，這段時間是最嚴重。以一般家庭園藝來説，最好的方式就是種植之前，一定要把枯枝落葉或雜草清理乾淨減少蟲的藏匿。定植後要馬上覆蓋防蟲網，把他完全隔隔杜絕開來，並且在周圍平放黃色的粘蟲紙。然後在傍晚或晚上時，噴灑白殭菌或者是黑殭菌來進行防治，一方面誘捕一方面隔絕。

11 毒蛾類又為刺毛蟲。這一類的害蟲是多種果樹共通性的。一般來說，幼蟲還有繭都有毛，且毛具有毒性，萬一不小心碰到，就會造成癢痛及發腫。

12 毒蛾類有一個特性就是容易群聚，所以經常能在荔枝或龍眼的花穗上看到，因此，要趕快進行防治。

毒蛾類

是什麼樣的害蟲？
他會從葉緣開始咬起，會把葉緣咬成一切口、一個切口，然後會越來越大。嚴重時整片葉子只會剩下葉脈，其他葉肉全部被吃光，而且會去吃花器、果實，造成落花落果。

容易發生的部位
葉片、花、還有它的果實部分。

其他容易遭受蟲害的蔬果
荔枝、龍眼、芭樂、蓮霧、芒果百香果、印度棗、桃子、梨子、葡萄、枇杷。十字花科、豆科以及葫蘆科的瓜類。

防治對策

整年都會發生。不過以夏季 6-7 月發生機率最高，尤其是如果剛好碰到旱季，群聚性更容易爆發。所以要進入夏季的時候，就要開始進行預防。

有機無毒的防治法

通常會建議如果看到葉片上有其卵塊，就要直接把葉片拔除，如果是在枝條上的繭或蛹，就直接拉掉即可。或者可以進行天敵的釋放，目前可以防治毒蛾的天敵，像是寄生蠅或者姬蜂科的昆蟲。而最有效的方式，跟大部分的鱗翅類的昆蟲一樣的有機防治方式，可以使用蘇力菌加矽藻素，也不會去傷害到其他益蟲，或者可以考慮使用印楝素。

13 蝸牛好發期從 11 月到隔年的 5 月，會啃食植物的葉片，會使蔬菜的光合作用受損，影響生長和產量。

14 非洲大蝸牛通常會在夜晚或潮濕環境中出現，可在植株周圍撒上引矽藻土、鋸木屑、澱粉、石灰等，當蝸牛行經後會附著在體表上，造成體液黏度增加進而影響到爬行。

🐛 蝸牛類

是什麼樣的害蟲

蝸牛會啃食植物的葉片，使蔬菜的光合作用受損，影響生長和產量，除了葉片，果實也容易發生。

其他容易遭受蟲害的植物

包括葉菜類、瓜類及水果類等等，蝸牛除了會蠶食葉片，花、蕾、新芽也會遭受啃食。

防治對策

蝸牛好發期從 11 月到隔年的 5 月，所以防治時，可在植株周圍撒上引矽藻土、鋸木屑、澱粉、石灰等，當蝸牛行經後會附著在體表上，造成體液黏度增加進而影響到行動，如此就能有效避免蝸牛入侵。另外，含有「皂素」的產品像是苦茶粕也可以有效防治，但使用防治蝸牛資材要注意同樣屬於軟體動物的蚯蚓也會受到傷害。

特別注意：非洲大蝸牛也是廣東住血線蟲的寄主，所以要特別注意別誤食，若有直接接觸也務必用肥皂洗手。

1 這是常見的真菌性病害，可以在葉片、葉柄還有一些比較嫩的藤蔓上面看到他的蹤跡。

2 葉片上出現好多的病斑，當病斑聚集在一起變成一整片覆蓋整個葉片影響到光合作用，葉片就容易枯死。

✲ 白粉病

是什麼樣的疾病？

一開始是一塊圓形的白灰色病斑，像粉筆灰撒在上面，白色粉末是他的菌絲跟孢子。隨著風飄散感染其他的部位或其他的植株。之後會在葉片上出現好多的病斑，當病斑聚集在一起變成一整片覆蓋整個葉片影響到光合作用，葉片就容易枯死。

基本上在春天跟秋天氣候比較乾燥且光線沒有那麼充足以及不通風的環境下危害會比較嚴重。

容易發生的部位

主要是葉片為主，葉柄還有一些比較嫩的藤蔓

防治對策

白粉病很常見，喜歡乾燥的環境，所以可以用灑水達到防治的效果。基本上保持好濕度，好發率就不會那麼高。另外，除了這個用水作為防治的方式，還可以在剛種下去的植物噴市售的波爾多液，或是矽酸鉀資材。另外也可以使用中性亞磷酸也就是亞磷酸跟氫氧化鉀混合液來做防治，每隔 7 天一次連續 2-3 次，可以誘導植物啟動防禦機制來對抗這些病害。而波爾多液對真菌與細菌病害有極佳的防治功效，像是露菌病、疫病、銹病、潰瘍病、黑斑病及細菌性斑點病等等。另外還可以用一些礦物油把他的孢子覆蓋住，使其失去活性。

絲瓜的病蟲害

絲瓜需要充足的陽光來進行光合作用，至少每天 6 至 8 小時。同時，確保土壤排水良好，以免絲瓜根部受害。在種植前，可以在土壤中加入有機肥料，增加土壤的肥力。有機物質可以改善土壤的結構，提供植物所需的養分。

■ 主要病蟲害　■ 次要病蟲害

Data

絲瓜生長期易感染病蟲害一覽表

生長天數	0-20 天 生長初期	30-60 天 生長中期	70-80 天 生長後期
露菌病			
白粉病			
炭疽病			
毒蛾類			
瓜實蠅			
黃手瓜			
黑棘蟻			
潛葉蠅			
銀葉粉蝨			

1. 臺灣黃毒蛾又為刺毛蟲，牠有一個特性就是容易群聚，會從葉緣開始咬起，會把葉緣咬成一切口、一個切口，然後會越來越大。

2. 看到黃守瓜的名字就知道牠很喜歡瓜類作物。所以，基本上只要是葫蘆科的作物就會遭受其危害。

3. 如果在葉片上看到圓形或是半圓形的孔洞，或者變成網狀，基本上就是黃守瓜的傑作。

臺灣黃毒蛾

是什麼樣的害蟲？

以夏季 6-7 月發生機率最高，尤其是如果剛好碰到旱季，群聚性更容易爆發。所以要進入夏季的時候，就要開始進行預防。容易遭受蟲害的蔬果包括：荔枝、龍眼、芭樂、蓮霧、芒果、百香果、十字花科、豆科以及瓜類。

防治對策

如果看到葉片上有它的卵塊，就要直接把葉片拔除，如果是在枝條上的繭或蛹，就把它拉掉。或者可以進行天敵的釋放，目前可以防治毒蛾的天敵，像是寄生蠅或者姬蜂科的昆蟲。而最有效的方式，跟大部分的鱗翅類的昆蟲一樣的有機防治方式，可以使用蘇力菌加矽藻素，也不會去傷害到其他益蟲，或者可以考慮使用印楝素。

黃守瓜

是什麼樣的害蟲

雖然嚴重時會讓作物枯死，不過主要危害還是在葉片，會被吃得亂七八糟。另外，除了成蟲會危害葉片外，孵化的幼蟲會潛到土裡去吃根部，或者會去啃食碰到地面的果實。葫蘆科的所有作物是容易遭受蟲害的作物，茄科、豆科也會。

防治對策

黃守瓜一年四季都很常見，所以如果有看到，就要開始進行防治。針對土裡的蛹或是幼蟲，可以用淹水的方式來進行撲滅。比較特殊的作法就是可以以不同的作物間作。如果果實在地面的話容易被咬，所以要儘量把它墊高或包起來。或者可以用苦楝油、印楝樹這些味道較重的來噴灑防治。

1
2
3

潛葉蠅

是什麼樣的害蟲？

又稱繪圖蟲，容易發生的部位在葉片，被啃食的部位會留下有如圖畫般的白色紋路。幼蟲則會潛入葉中開始不規則的啃食，所到之處就會留下白色的線痕，讓葉片整體美觀大大的降低，還會導致葉片枯萎，所以一發現就要立刻清除發病處。還要保持良好的通風以及日照，避免密植。

防治對策

一年四季都有可能發生，所以平常要多觀察植物，循著白色線痕的前端尋找幼蟲，當受害程度變嚴重時，葉片整體都會被啃食、發白，導致發育不良。所以平常要多觀察植物，以便及早發現出現在葉片的白色條紋，一旦發現時，就立刻將停留在條紋前端的幼蟲和蛹捏死，並且連葉片一起摘除回收。

蝸牛

是什麼樣的害蟲？

蝸牛會啃食植物的葉片，會使蔬菜的光合作用受損，影響生長和產量。另外，蝸牛特別喜歡啃咬軟質水果，像是草莓、番茄和葡萄，造成水果腐爛、變形。蔬果的幼苗也是他們啃食的對象，會導致植物死亡或生長受阻。

防治對策

蝸牛會隱身在盆底、落葉或者石頭底下，所以除了要定時的巡視盆栽底部，如有發現蝸牛就立即消滅外，有落葉時要清理乾淨。防治時可在植株周圍撒上引矽藻土、鋸木屑、澱粉、石灰等，當蝸牛行經後會附著在體表上，造成體液黏度增加進而影響到行動。另外，含有「皂素」的產品像是苦茶粕也可以有效防治，但使用防治蝸牛資材要注意同樣屬於軟體動物的蚯蚓也會受到傷害。

露菌病

是什麼樣的疾病

會在葉片出現黃白色的一個小白點，漸漸擴散後變成淡黃色的角斑，是一個非常重要而且明顯的徵兆，有些是三角形，有些是正方形布滿葉片。如果翻到葉背，會有灰色的黴狀物，那個就是孢子，會隨風飄散。嚴重的話葉片就會枯萎、乾掉，這就是受到危害的癥狀。

防治對策

所有的病害一定要保持良好的通風環境，避免太過茂密，通風良好才會減少病害的發生機率。如果剛開始發現露菌病，可以使用礦物油或者葵無露、碳酸氫鉀等等，都可以拿來做防治。微生物的防治，在市面上也能買得到減黴菌這類的產品，也可以做為防治。另外也可以噴灑波爾多液來防治。

1

2

3

白粉病

是什麼樣的疾病？

這是常見的真菌性病害，可以在葉片、葉柄還有一些比較嫩的藤蔓上面看到它的蹤跡。一開始是一塊圓形的白灰色病斑，之後會在葉片上出現好多的病斑，當病斑聚集在一起變成一整片覆蓋整個葉片影響到光合作用，葉片就容易枯死。

防治對策

白粉病喜歡乾燥的環境，所以可以用灑水達到防治的效果。基本上保持好濕度，好發率就不會那麼高。除了這個用水作為防治的方式，另外還可以用一些礦物油把他的孢子覆蓋住，使其失去活性。每隔 7 天一次連續 2-3 次，噴市售的波爾多液，可以誘導植物啟動防禦機制來對抗這些病害。

炭疽病

是什麼樣的疾病？

很容易造成葉片上面的危害。還有對於果實也具有一定的傷害性。尤其如果在果實蔓延開來，會影響到收成。對於觀葉植物來說，就會嚴重影響到外觀，甚至會造成植株死亡，在草莓芋、蘋果、柑橘類、豆科都很常見。

防治對策

在梅雨季高溫多濕的環境之下就容易發生此病，如果看到葉片上面有炭疽病的病斑出現，就要趕快把他拔除，或者是說看到一點一點的病斑時就針對重點部位開始噴藥來進行防治。另外，有機無毒的資材，例如肉桂油、波爾多液、石灰硫磺合劑都可以拿來使用。

疫病

是什麼樣的疾病？

疫病罹病的狀況，最典型就是葉片上會有一些水浸狀，不規則的病斑出現，且組織會比較軟爛，會有一些菌絲跑出來。莖基部也會出現褐色病斑，一旦感染，會出現皺縮導致植物就沒辦法吸收水分而死亡。受感染的果實可能出現斑點、褐化、黑化或其他不規則的色斑。這些變化會嚴重影響果實外觀。

防治對策

全年都要做好防治。尤其在高溫多濕的情況下會傳播。另外，看到葉片上面有病斑出現，就要趕快拔除且針對重點部位用亞磷酸來增加植物的抗性。也可以用波爾多液來進行防治。包括選擇抗病品種、合理施肥、良好的排水系統、定期檢查並清除受感染的植物部分、適當的灌溉管理。

苦瓜的病蟲害

由於苦瓜是藤狀植物，可以在地面上種植，也可以使用支架或爬架。支架可以提高苦瓜的生長空間，避免果實接觸地面，減少腐爛的機會。定期修剪植株，保持通風。定期檢查植株，發現任何病蟲害的跡象就要採取措施進行防治。

—— 主要病蟲害　**——** 次要病蟲害

Data

苦瓜生長期易感染病蟲害一覽表

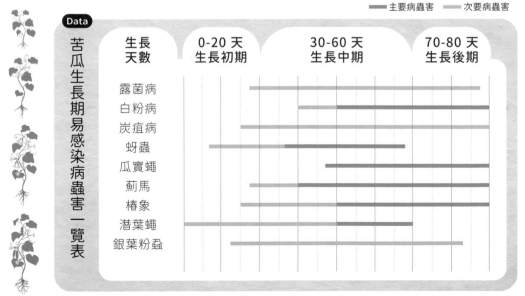

生長天數	0-20 天 生長初期	30-60 天 生長中期	70-80 天 生長後期
露菌病			
白粉病			
炭疽病			
蚜蟲			
瓜實蠅			
薊馬			
椿象			
潛葉蠅			
銀葉粉蝨			

瓜實蠅

1 瓜實蠅翅上有 2 個翅斑，他會去叮咬果實果皮後產卵，等到卵孵化後，幼蟲鑽到果肉裡面去吃果肉和吸食汁液導致腐爛。

2 瓜實蠅的雌蟲會在瓜類植物的果實上產卵。這些卵孵化成幼蟲後，開始啃食果實內部，對果實造成嚴重的傷害。

3 瓜實蠅的幼蟲是主要的害蟲形態，它們鑽入果實內部，並以果實的組織為食，導致果實變得腐爛、變色、變形不適合食用。

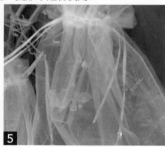

4 在苦瓜果實上套上網袋或紙袋，然後將其綁緊，以確保害蟲無法進入，等到苦瓜成熟，就可以從袋中剔除。

5 套袋可以防止瓜實蠅和其他害蟲對苦瓜果實的危害，減少害蟲和病害的侵害，從而減少損失。

是什麼樣的害蟲

在臺灣幾乎所有具有經濟價值的果樹，都會受到它的危害。瓜實蠅的幼蟲是主要的害蟲形態，等到卵孵化後，幼蟲鑽入果實內部，並以果實的組織為食，導致果實變得腐爛、變色，被叮咬處會腐爛、流汁流膠，甚至出現凹陷，有時會造成果實畸形而不適合食用。

防治對策

瓜實蠅的雌蟲會在瓜類植物的果實上產卵，這些卵孵化成幼蟲後，開始啃食果實內部，對果實造成嚴重的傷害，所以最好在苦瓜果實上套上網袋或紙袋，然後將其綁緊，以確保害蟲無法進入。使用黃色黏蟲紙或者是黃色噴膠噴在寶特瓶寶特瓶上來減少族群數量。另外，由於他們喜歡發酵的味道，所以也可以買市售酵母錠來當作誘餌把他吸引過來消滅。或是市售的誘捕費洛蒙：克蠅，這些都是屬於有機防治方法下的物理性（誘捕）防治。

1　2　3

葉足緣椿象

是什麼樣的害蟲？

主要是在嫩葉以及嫩果上面，如果被他刺吸後，新葉的部分會展不開，就算展開也會變得畸形，且被叮咬過的部位，會出現一圈黃黃的，那就是被咬過的痕跡，容易發病的部位就是葉片或者蔬果類的果實，不僅會造成生長遲緩，也有可能導致植株枯死。

防治對策

一旦發現幼蟲和成蟲就立刻撲滅。牠們會藏身在落葉底下或雜草地，並且能在這些地方越冬，所以落葉和雜草的清理要徹底執行，不要讓牠們有機會越冬。防治方式，可以用市售的蒜頭煤油來進行防治。如果要自行調配，可以用清水：煤油：洗碗精：蒜泥＝5：2：2：1 的比例進行混合即可。除了瘤緣椿象，對於防治一般的椿象、蚜蟲、青蟲、金龜子、螞蟻等等，也有同樣效果。

蚜蟲

是什麼樣的害蟲？

基本上會讓所有的新葉皺縮、長不大，不會展開，讓頂芽沒有辦法正常生長。另外，他也會分泌蜜露，然後誘發煤煙病。跟銀葉粉蝨一樣，傳播一些病毒，所以說是媒介昆蟲，不論是成蟲或是幼蟲，通常都喜歡群聚在嫩芽的地方，還有葉背，這個基本上所有作物都有可能發生。

防治對策

基本上一年四季都要做預防使用有機無毒的防治方式，可以用天敵防治法，可以釋放草蛉的幼蟲，因以他是以蚜蟲為主食。另外還有瓢蟲。市面上也有賣這些天敵來做防治。或者可以利用油劑防治方式，比如可以使用葵無露、窄域油、苦楝油、樟腦油或是柑橘精油這一類在新葉的地方，還有葉背做重點噴灑。

薊馬

是什麼樣的害蟲？

薊馬是小型昆蟲，身長只有 1-2 毫米，嘴巴部分會特化為刺針用來吸取植物組織中的汁液，造成組織受損。薊馬以吸食植物的汁液為生，他們的攻擊可能導致植物生長遲緩、葉片變黃、枯萎、果實變形等問題，同時他也是一些植物病毒的傳播者，因為它們可以大量繁殖，導致植物生長不良，甚至死亡。

防治對策

可以引入天敵，如捕食性昆蟲（例如瓢蟲）或寄生性昆蟲（例如蜂）來防治。或者使用適當的覆蓋材料如紗網來進行覆蓋，以阻止它們接觸作物。清除田間的雜草和枯葉，清除它們可以減少薊馬的棲息地。如果可以進行輪作和間作，就可以破壞薊馬的生長週期，減少其數量。

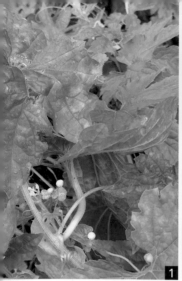

✺ 病毒病

是什麼樣的疾病？

病毒性疾病的起因是植物在被寄生的蚜蟲或薊馬吸取汁液時受到感染。因為是嵌紋病毒，所以葉片上會像馬賽克般鑲嵌不同的黃綠色的斑紋，在葉片上面會造成葉片凹凸不平、皺縮，甚至長得很畸形。

✺ 露菌病

是什麼樣的疾病？

會在葉片出現黃白色的一個小白點，漸漸擴散後變成淡黃色的角斑，是一個非常重要而且明顯的徵兆。它會出現像馬賽克的斑紋，有些是三角形，有些是正方形布滿葉片。如果翻到葉背，會有灰色的黴狀物，那個就是孢子，會隨風飄散。嚴重的話葉片就會枯萎、乾掉，這就是受到危害的癥狀。

✺ 炭疽病

是什麼樣的疾病？

很容易造成葉片上面的危害。還有對於果實也具有一定的傷害性。尤其如果在果實蔓延開來，會影響到收成。對於觀葉植物來說，就會嚴重影響到外觀，甚至會造成植株死亡，在草莓芋、蘋果、柑橘類、豆科都很常見。

防治對策

基本上如果罹患這個病害，就只能盡早拔除了，因為它沒有任何的藥劑可以進行防治跟治療，即使化學藥劑也完全沒有辦法，所以遇到了就拔掉才是最佳方式。

防治對策

所有的病害一定要保持良好的通風環境，避免太過茂密，通風良好才會減少病害的發生機率。如果剛開始發現露菌病，可以使用礦物油或者葵無露、碳酸氫鉀等等，都可以拿來做防治。微生物的防治，在市面上也能買得到滅黴菌這類的產品，也可以做為防治。另外也可以噴灑波爾多液來防治。

防治對策

在梅雨季高溫多濕的環境之下就容易發生此病，如果看到葉片上面有炭疽病的病斑出現，就要趕快把他拔除，或看到一點一點的病斑時就針對重點部位開始噴藥來進行防治。另外，有機無毒的資材，例如肉桂油、波爾多液、石灰硫磺合劑都可以拿來使用。

南瓜的病蟲害

南瓜需要至少 6 至 8 小時的陽光照射，確保種植區域有足夠的陽光。同時，確保土壤排水良好，以免水分滯留，造成根部腐爛。根據品種的特點，你可以選擇將南瓜種植在地面上，也可以使用支架或搭建爬架。支架可以節省空間，避免果實接觸地面，減少病害的發生。

━━ 主要病蟲害   ━━ 次要病蟲害

Data

南瓜生長期易感染病蟲害一覽表

生長天數	0-10 天 生長初期	10-30 天 生長中期	30-80 天 生長後期
露菌病			
白粉病			
炭疽病			
黃守瓜			
瓜實蠅			
扁蝸牛			
斑潛蠅			

115

✿ 白粉病

是什麼樣的疾病？

一開始是一塊圓形的白灰色病斑，像粉筆灰撒在上面，白色粉末是他的菌絲跟孢子。隨著風飄散感染其他的部位或其他的植株。之後會在葉片上出現好多的病斑，當病斑聚集在一起變成一整片覆蓋整個葉片影響到光合作用，葉片就容易枯死。

容易發生的部位

主要是葉片為主，葉柄還有一些比較嫩的藤蔓

防治對策

白粉病喜歡乾燥的環境，所以可以用灑水達到防治的效果。另外，還可以在剛種下去的植物噴市售的波爾多液，也就是亞磷酸跟氫氧化鉀混合液來做防治，每隔 7 天一次連續 2-3 次，可以誘導植物啟動防禦機制來對抗這些病害。波爾多液對真菌與細菌病害有極佳的防治功效，像是露菌病、疫病、銹病、潰瘍病、黑斑病及細菌性斑點病等等。另外還可以用一些礦物油把他的孢子覆蓋住，使其失去活性。

1 炭疽病很容易造成葉片上面的危害。還有對於果實也具有一定的傷害性。尤其如果在果實蔓延開來，會影響到收成。

2 看到黃守瓜的名字就知道牠很喜歡瓜類作物。所以，基本上只要是葫蘆科的作物就曾遭受其危害。

3 如果在葉片上看到圓形或是半圓形的孔洞，或者變成網狀，基本上就是黃守瓜的傑作。

✹ 炭疽病

是什麼樣的疾病？

大部分對於葉片的傷害性比較小。但是如果發生在果實蔓延開來，基本上就是零收成，以果實類的病害來說算是蠻嚴重的。炭疽病很容易造成果實和葉片上面的危害。

▌黃守瓜

是什麼樣的害蟲

如果在葉片上看到圓形或是半圓形的孔洞，或者變成網狀，基本上就是黃守瓜的傑作，雖然嚴重時會讓作物枯死，不過主要危害還是在葉片，會被吃得亂七八糟。另外，除了成蟲會危害葉片外，它的孵化的幼蟲會潛到土裡去吃根部，或者會去啃食碰到地面的果實。基本上瓜類所有的嫩葉及花朵都容易遭受蟲害。

容易遭受蟲害的作物

葫蘆科的所有作物，或者因為黃守瓜也是金花蟲科的一類，所以十字花科的作物也容易受到危害，茄科、豆科也會。

防治對策

在梅雨季高溫多濕的環境之下就容易發生此病，如果看到葉片上面有炭疽病的病斑出現，就要趕快把他拔除，或者是說看到一點一點的病斑時就針對重點部位開始噴藥來進行防治。另外，有機無毒的資材，例如肉桂油、波爾多液、石灰硫磺合劑都可以拿來使用。

防治對策

黃守瓜一年四季都很常見，所以如果有看到，就要開始進行防治。針對土裡的蛹或是幼蟲，可以用淹水的方式來進行撲滅。如果有種葫蘆科瓜類的話，在育苗或移植時，就要馬上進行防治，可以用苦楝油、印楝樹這些味道較重的來噴灑防治。或者比較特殊的作法就是可以種不同的作物間作，比如瓜類旁可以種十字花科。另外，由於果實在地面容易被蟲咬，所以要儘量把它墊高或包起來。

1 這是常見的真菌性病害，可以在葉片、葉柄還有一些比較嫩的藤蔓上面看到他的蹤跡。

2 基本上在春天跟秋天氣候比較乾燥且光線沒有那麼充足以及不通風的環境下危害會比較嚴重。

白粉病

是什麼樣的疾病？

一開始是一塊圓形的白灰色病斑，像粉筆灰撒在上面，白色粉末是他的菌絲跟孢子。隨著風飄散感染其他的部位或其他的植株。之後會在葉片上出現好多的病斑，當病斑聚集在一起變成一整片覆蓋整個葉片影響到光合作用，葉片就容易枯死。

容易發生的部位

主要是葉片為主，葉柄還有一些比較嫩的藤蔓。

防治對策

白粉病很常見，喜歡乾燥的環境，所以可以用灑水達到防治的效果。基本上保持好濕度，好發率就不會那麼高。另外，除了這個用水作為防治的方式，還可以在剛種下去的植物噴波爾多液。波爾多液是硫酸銅：生石灰：水=4g：4g：1L，一定要以此順序先溶生石灰，再把硫酸銅緩慢加入。否則效果大打折扣。每隔 7 天一次連續 2-3 次，可以誘導植物啟動防禦機制來對抗這些病害。波爾多液對真菌與細菌病害有極佳的防治功效，像是露菌病、疫病、銹病、潰瘍病、黑斑病及細菌性斑點病等等。另外還可以用一些礦物油把他的孢子覆蓋住，使其失去活性。

3 葉片或花瓣的顏色會變得呈馬賽克狀，葉片和莖會變黃、萎縮，還有葉子、花和果實會產生畸形。
葉片上出現好多的病斑，當病斑聚集在一起變成一整片覆蓋整個葉片影響到光合作用，葉片就容易枯死。

✿ 病毒病

是什麼樣的疾病？

病毒性疾病的起因是植物在被寄生的蚜蟲或薊馬吸取汁液時受到感染。另外，接觸過染病植物的手或剪刀，若是再去接觸正常健康的植物，也會造成感染。病毒會在細胞內繁殖，危害的癥狀主要就是在葉片上面。因為是嵌紋病毒，所以它像馬賽克一樣的鑲嵌不同的黃綠色的斑紋，在葉片上面會造成葉片凹凸不平、皺縮，甚至長得很畸形。

容易發生的部位

炭疽病很容易造成果實和葉片上面的危害。

防治對策

在高溫多雨的時候，一些刺吸式口器的昆蟲，像是蚜蟲、粉蝨、薊馬都會傳播病害，所以在防治上，就是在這些蟲害的好發季節，就要進行防治。在瓜果類是非常嚴重的病害，不僅藤蔓、葉片出現歪七扭八不規則形狀，且會長不大、長的很醜。基本上如果罹患這個病害，就盡早拔除了。因為它沒有任何的藥劑可以進行防治跟治療，即使化學藥劑也完全沒有辦法，所以遇到了就拔掉才是最佳方式。

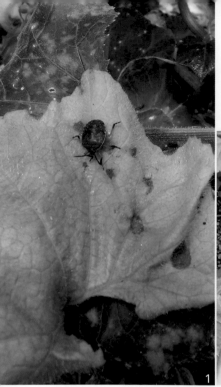

1 被椿象咬過的葉片或是果實，不僅會造成果實在結果過程中生長遲緩，也有可能導致植株枯死。

2 看到黃守瓜的名字就知道牠很喜歡瓜類作物。所以，基本上只要是葫蘆科的作物就會遭受其危害。

2-1

🐛 椿象

是什麼樣的害蟲？

主要是在嫩葉以及嫩果上面，如果被他刺吸後，新葉的部分會展不開，就算展開也會變得畸形，且被叮咬過的部位，會出現一圈黃黃的，那就是被咬過的痕跡，容易發病的部位就是葉片或者蔬果類的果實，不僅會造成生長遲緩，也有可能導致植株枯死。

防治對策

一旦發現幼蟲和成蟲就立刻撲滅。防治方式，可以用市售的蒜頭煤油來進行防治。如果要自行調配，可以用清水：煤油：洗碗精：蒜泥＝5：2：2：1 的比例進行混合即可。除了瘤緣椿象，對於防治一般的椿象、蚜蟲、青蟲、金龜子、螞蟻等等，也有同樣效果。

🐛 黃守瓜

是什麼樣的害蟲

如果在葉片上看到圓形或是半圓形的孔洞，或者變成網狀，基本上就是黃守瓜的傑作，雖然嚴重時會讓作物枯死，不過主要危害還是在葉片，會被吃得亂七八糟。另外，除了成蟲會危害葉片外，孵化的幼蟲會潛到土裡去吃根部，或者會去啃食碰到地面的果實。

防治對策

黃守瓜一年四季都很常見，所以如果有看到，就要開始進行防治。針對土裡的蛹或是幼蟲，可以用淹水的方式來進行撲滅。如果有種葫蘆科瓜類的話，在育苗或移植時，就要馬上進行防治。或者利用間作方式來降低對瓜類的危害，或者可以用苦楝油、印楝樹這些味道較重的來噴灑防治。另外，果實如果在地面容易被咬，所以要儘量把它墊高或包起來。

冬瓜的病蟲害

在冬瓜開始生長後，可以定期施肥來促進植物的健康生長。通常在種植後大約 70 至 85 天左右會成熟。當冬瓜的外皮變得堅硬，顏色由淺綠轉為深綠，且表面帶有絨毛時，表示它已經成熟，可以使用刀子或剪刀小心地割斷，然後將其放在陰涼通風的地方進行儲存。

■主要病蟲害　■次要病蟲害

Data

冬瓜生長期易感染病蟲害一覽表

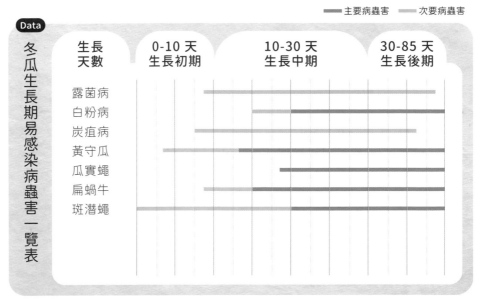

生長天數	0-10 天 生長初期	10-30 天 生長中期	30-85 天 生長後期
露菌病			
白粉病			
炭疽病			
黃守瓜			
瓜實蠅			
扁蝸牛			
斑潛蠅			

1 看到葉片上面有炭疽病的病斑出現，就要趕拔除，或者是說看到一點一點的病斑時就針對重點部位開始噴藥來進行防治。

2 炭疽病在梅雨季高溫多濕的環境之下就容易發生此病，早疫病也是如此。

3 炭疽病對於葉片的傷害性會有，但如果發生在果實蔓延開來，基本上就是零收成，對於以果實類來說是嚴重的病害。

✹ 炭疽病

是什麼樣的疾病？

很容易造成葉片上面的危害。還有對於果實也具有一定的傷害性。尤其如果在果實蔓延開來，會影響到收成。對於觀葉植物來說，就會嚴重影響到外觀，甚至會造成植株死亡，在草莓、芋頭、蘋果、柑橘類、豆科都很常見。

關於波爾多液

波爾多液在寒冷、潮濕的環境下，沒有辦法蒸散，退去的時間會比較慢，另外因為它有加硫酸銅，所以在葉片上比較容易引起藥害。所以除非一些有機的製劑沒有辦法防治，再考慮使用。（特別說明：高溫下所有藥劑都要避免噴）

防治對策

在梅雨季高溫多濕的環境之下就容易發生此病，如果看到葉片上面有炭疽病的病斑出現，就要趕快把他拔除，或看到一點一點的病斑時就針對重點部位開始噴藥來進行防治。另外，有機無毒的資材，例如肉桂油、波爾多液、石灰硫磺合劑都可以拿來使用。

1 病毒病的葉片或花瓣的顏色會變得呈馬賽克狀，葉片和莖會變黃、萎縮，還有葉子、花和果實會產生畸形。

2 容易發病的部位主要就是葉片，花跟果實也會有，但是很少，主要還是以葉片為主。

✸ 病毒病

是什麼樣的疾病？

病毒性疾病的起因是植物在被寄生的蚜蟲或薊馬吸取汁液時受到感染。因為是嵌紋病毒，所以葉片上會像馬賽克般鑲嵌不同的黃綠色的斑紋，在葉片上面會造成葉片凹凸不平、皺縮，甚至長得很畸形。

好發的季節

在高溫多雨的時候，一些刺吸式口器的昆蟲，像是蚜蟲、粉蝨、薊馬都會傳播病害，所以在防治上，就是在這些蟲害的好發季節，就要進行防治，不然一旦罹患這個病毒病，可能就要直接拔除了。另外，種子也可能帶有這個病毒，所以如果栽種到這樣的種子，等到發芽後，就會出現這樣的病症。

防治對策

病毒性疾病的起因是植物在被寄生的蚜蟲或薊馬吸取汁液時受到感染。另外，接觸過染病植物的手或剪刀，若是再去接觸正常健康的植物，也會造成感染。即使化學藥劑也完全沒有辦法，病毒會在細胞內繁殖，為了避免殃及其他植株，唯一的方法就是銷毀染病的植株。

1. 豆莢螟屬於雜食性的害蟲，危害對象包括豆科植物、葉菜類、茄科等，主要危害葉片及果實。
2. 豆莢螟會造成果莢形成不規則之孔洞，牠們會在裡面鑽來鑽去，有些還會啃咬葉柄。
3. 仔細觀察四季豆的孔洞，有時會有機會看到豆莢螟從豆莢中鑽出來。

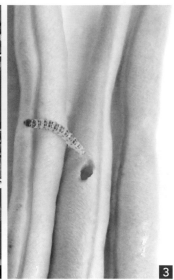

豆莢螟

是什麼樣的害蟲？

豆莢螟屬於雜食性的害蟲，基本上一年四季都會發生，也是豆菜類作物發生率最高且最嚴重的蟲害。通常會把蟲卵產在葉背、嫩莖、葉柄還有豆莢上，等到卵孵化後，幼蟲會造成葉片或花蕾上的危害，之後再鑽進豆莢中繼續危害，此時可以在豆莢表面看到圓形的孔洞，嚴重影響外觀，而讓作物失去價值。

防治對策

防治上面必須把田間剪下來的葉子及枯枝落葉清理乾淨。設置防蟲網讓蛾類不要飛過來產卵。另外，可以使用蘇力菌+矽藻素，就可以有效防治。或者用波爾多液、蕈狀芽孢桿菌。礦物油、窄域油這一類的油類也有不錯的防治效果。萬一罹病一定要把殘渣落葉或是罹病太嚴重的葉片修剪移除。

4 炭疽病如果發生在果實並蔓延開來，基本上就是零收成，對於果實類蔬菜來說是嚴重的病害。

5 病毒病的葉片或花瓣的顏色會變得呈馬賽克狀，葉片和莖會變黃、萎縮，還有葉子、花和果實會產生畸形。

6 病毒病容易發病的部位主要就是葉片，花跟果實也會有，但是很少。

✿ 炭疽病

是什麼樣的疾病？

很容易造成葉片上面的危害。還有對於果實也具有一定的傷害性。尤其如果在果實蔓延開來，會影響到收成。對於觀葉植物來說，就會嚴重影響到外觀，甚至會造成植株死亡，在草莓、蘋果、柑橘類、豆科都很常見。

防治對策

在梅雨季高溫多濕的環境之下就容易發生此病，如果看到葉片上面有炭疽病的病斑出現，就要趕快把它拔除，或看到一點一點的病斑時就針對重點部位開始噴藥來進行防治。另外，有機無毒的資材，例如肉桂油、波爾多液、石灰硫磺合劑都可以拿來使用。

✿ 病毒病

是什麼樣的疾病？

病毒性疾病的起因是植物在被寄生的蚜蟲或薊馬吸取汁液時受到感染。因為是嵌紋病毒，所以葉片上會像馬賽克般鑲嵌不同的黃綠色斑紋，會造成葉片凹凸不平、皺縮，甚至長得很畸形。

防治對策

感染病毒病的葉片或花瓣的顏色會變得呈現馬賽克狀，葉片和莖會變黃、萎縮，還有葉子、花和果實會產生畸形。另外，接觸過染病植物的手或剪刀，若是再去接觸正常健康的植物，也會造成感染。基本上如果罹患這個病害，就只能趕快拔除，因為它沒有任何的藥劑可以進行防治與治療，即使化學藥劑也完全沒有辦法，所以遇到了就拔掉才是最佳的防治對策。

6 當椿象被觸碰到時，常會射出臭液，因此不僅會造成葉片灼傷，一旦接觸到皮膚或眼睛，就有可能引起過敏，且味道奇臭無比。

7 潛葉蠅的幼蟲主要危害植物的葉片和莖部，會在葉片中挖掘隧道，導致葉片被破壞，而影響光合作用的進行。

8 潛葉蠅所到之處就會留下白色的線痕，讓葉片整體美觀大幅降低。

🐛 椿象

是什麼樣的害蟲

牠們的種類非常多，而且不論在體型大小上，或者在外觀的紋路或身體顏色都不盡相同。會對植物造成的影響，在於新芽、葉，或者蔬果類的果實，不僅會造成生長遲緩，也有可能導致植株枯死。

🐛 潛葉蠅

是什麼樣的害蟲？

又稱繪圖蟲，當葉片被啃食後，會留下有如圖畫般的白色紋路。幼蟲則會潛入葉中開始不規則的啃食，所到之處就會留下白色的線痕，讓葉片整體美觀大幅降低，菠菜、小白菜、芥菜等都容易受到蟲害。

防治對策

養成隨時觀察植物的習慣。一旦發現幼蟲和成蟲就立刻撲滅。落葉和雜草的清理要徹底執行，不要讓牠們有機會越冬。可以用市售的蒜頭煤油來進行防治。如果要自行調配，可以用清水：煤油：洗碗精：蒜泥＝5：2：2：1 的比例進行混合即可。除了瘤緣椿象，對於防治一般的椿象、蚜蟲、青蟲、金龜子、螞蟻等等，也有同樣效果。

防治對策

由於一年四季都會發生，所到之處就會留下白色的線痕，讓葉片整體美觀大大的降低，還會導致葉片枯萎，所以一發現就要立刻清除發病處。還要保持良好的通風以及日照，避免密植。並且循著白色線痕的前端尋找幼蟲，一旦發現，就立刻將停留在條紋前端的幼蟲和蛹捏死，並且連葉片一起摘除丟棄包好。

菜豆的病蟲害

種植菜豆時需要搭建支架，方便其生長，並減少接觸土壤，減少病蟲害的發生率，以砂質或粘質壤土，酸鹼值在 5.5-6.7 最為合適，另外要特別注意排水，避免排水不良的土壤。

Data

菜豆生長期易感染病蟲害一覽表

━━ 主要病蟲害　　━━ 次要病蟲害

生長天數	0-10 天 生長初期	10-30 天 生長中期	30-70 天 生長後期
露菌病			
病毒病			
立枯病			
白粉病			
椿象			
潛葉蠅			
角斑病			

1 白粉病是常見的真菌性病害，可以在葉片、葉柄還有一些比較嫩的藤蔓上面看到它的蹤跡。

2 灰黴病是由真菌所引起，大部分都危害幼嫩的葉片、果實還有蒂頭的部位。

3 炭疽病如果發生在果實並蔓延開來，基本上就是零收成，對於果實類蔬菜來說是嚴重的病害。

✺ 白粉病

是什麼樣的疾病？

一開始是一塊圓形的白灰色病斑，像粉筆灰撒在上面，白色粉末是它的菌絲跟孢子，隨著風飄散感染其他的部位或其他的植株。之後會在葉片上出現好多的病斑，當病斑聚集在一起變成一整片覆蓋整個葉片影響到光合作用，葉片就容易枯死。

✺ 灰黴病

是什麼樣的疾病？

這個病害主要是真菌所引起，大部分都危害幼嫩的葉片、果實還有蒂頭的部位。在危害這些部位以後會造成軟腐、發黴長出一層灰色的黴菌。

✺ 炭疽病

是什麼樣的疾病？

很容易造成葉片上面的危害。還有對於果實也具有一定的傷害性。尤其如果在果實蔓延開來，會影響到收成。對於觀葉植物來說，就會嚴重影響到外觀，甚至會造成植株死亡。

防治對策

白粉病菌喜歡乾燥的環境，所以可以用灑水達到防治的效果。基本上保持好濕度，好發率就不會那麼高。在剛種下去的植物噴波爾多液。波爾多液是硫酸銅：生石灰：水=4g：4g：1L，一定要先溶生石灰，再把硫酸銅緩慢加入，否則效果大打折扣。

防治對策

使用液化澱粉芽孢桿菌的市售產品，碰到水後才會激起它的活性形成一個保護膜，達到預防效果。液化澱粉芽孢桿菌可以用活力磷寶來取代。另外要隨時隨地注意有看到罹病的葉子就把它摘掉，丟放到塑膠袋後銷毀。

防治對策

在梅雨季高溫多濕的環境之下就容易發生此病，有機無毒的資材，例如肉桂油、波爾多液、石灰硫磺合劑都可以拿來使用。

毛豆的病蟲害

毛豆需要排水良好的土壤，像是砂質土壤或略具粘性的土，並且要有良好的排水性又有足夠的肥力，保持適當濕度，避免積水，以免造成爛根。

■ 主要病蟲害　　■ 次要病蟲害

Data

毛豆生長期易感染病蟲害一覽表

生長天數	0-10 天 生長初期	10-30 天 生長中期	30-50 天 生長後期
露菌病			
病毒病			
立枯病			
白粉病			
椿象			
潛葉蠅			
角斑病			

1 感染病毒病的葉片或花瓣的顏色會呈現馬賽克狀，葉片和莖會變黃、萎縮，還有葉子、花和果實會產生畸形。

2 蚜蟲基本上會讓所有的新葉皺縮、長不大，無法展開，且會讓頂芽沒有辦法正常生長。

3 銹病由真菌所引起，在葉片上面會呈現黃綠色及白色斑點，之後會破裂，長出像生銹鐵屑般的粉。

✿ 病毒病

是什麼樣的疾病？

病毒性疾病的起因是嵌紋病毒，所以在葉片上面會它像馬賽克一樣鑲嵌不同的黃綠色斑紋，造成葉片凹凸不平、皺縮，甚至長得很畸形。葉片顏色沒辦法變成綠色，甚至葉片就是長不大，結出來的果實凹凸不平，色澤很雜亂。

防治對策

在高溫多雨的時候，一些刺吸式口器的昆蟲，像是蚜蟲、粉蝨、薊馬都會傳播病害，所以在防治上，就是在這些蟲害的好發季節，就要進行防治。但基本上如果罹患就要儘早拔除。

✿ 蚜蟲

是什麼樣的害蟲？

蚜蟲會分泌蜜露而誘發煤煙病，牠也是媒介昆蟲，會傳播一些病毒。不論是成蟲或是幼蟲，通常都喜歡群聚在嫩芽的地方，還有葉背，會讓所有的新葉皺縮，而一旦不長新芽，植物就很容易死掉。

防治對策

一年四季都要做預防，因為只要看到新葉上有一點點的紅斑，其實卵就已經非常多了。可以釋放草蛉的幼蟲，市面上也有賣這些天敵。如果不想用這種方式，也可以利用油劑防治方式，比如使用葵無露、窄域油、苦楝油、樟腦油或是柑橘精油這一類，效果也很不錯。

✿ 銹病

是什麼樣的疾病？

銹病由真菌所引起，顧名思義，就像生銹一樣，在葉片上面會呈現黃綠色及白色斑點，之後會破裂，長出一些粉，像生銹的鐵屑，那是它的孢子，會隨著水還有風來進行傳播，青江菜、豆類、韭菜、蔥、茭白筍、葡萄容易遭受病害。

防治對策

好發的時間為 11-12 月以及 3-4 月這個期間會比較嚴重。可以使用礦物油、窄域油這一類的油把它的孢子覆蓋住，讓它失去活性以達到防治效果。使用油類或波爾多液來進行防治，效果相當不錯，但一定要避開天氣比較炎熱時。

4 葉片被臺灣黃毒蛾幼蟲啃咬之後，就會出現不規則的孔洞，養成時常觀察葉片的習慣，如果發現幼蟲或是蛹，就要立刻抓捕。

5 如果在葉片上看到蟲繭，一定要趕快摘除，這有可能是鱗翅目幼蟲蝶或蛾的蟲繭。

🐛 臺灣黃毒蛾

是什麼樣的害蟲？

臺灣黃毒蛾又稱為刺毛蟲，牠有一個特性就是容易群聚，會從葉緣開始咬起，會把葉緣咬成一個個切口，然後會越來越大。嚴重的時候呢，整片葉子只會剩下葉脈，其他葉肉全部被吃光。

🐛 蛾繭

是什麼樣的害蟲？

在豆科上的蛾繭比較有可能是夜蛾類，包括番茄夜蛾，又稱為青蟲或是鑽心蟲；斜紋夜蛾比較常見的就是行軍蟲、夜盜蟲。通常夜蛾都會危害葉片，尤其是新葉的部分，會從葉緣開始咬出不規則的缺刻狀，所以如果在葉片上看到蟲繭，一定要趕快摘除。

防治對策

以夏季 6-7 月發生的機率最高，通常會建議如果看到葉片上有牠的卵塊，就要直接把葉片拔除，如果是在枝條上的繭或蛹，就把牠拉掉。而最有效的方式是，跟大部分的鱗翅類昆蟲一樣的有機防治方式，可以使用蘇力菌加矽藻素，也不會去傷害到其他益蟲，或者可以考慮使用印棟素。

防治對策

通常 3-5 月、9-11 月的這個期間容易發生，田間剪下來的葉子以及枯枝落葉，要清理乾淨，可以設置防蟲網來杜絕蛾類。另外，可以使用蘇力菌跟矽藻素，因為夜蛾都是晝伏夜出，所以最好的噴藥時間點在傍晚或者是清晨，效果最好。還可以搭配一些精油類讓他有忌避的效果。

1 病毒性疾病的起因是嵌紋病毒，葉片顏色像馬賽克一樣鑲嵌不同的黃綠色斑紋。

2 除了病毒病，薊馬危害結出來的果實，一樣就是凹凸不平、皺縮、色澤雜亂不均。

❀ 病毒病

是什麼樣的疾病？

病毒性疾病的起因是嵌紋病毒，所以它在葉片上面會像馬賽克一樣鑲嵌不同的黃綠色斑紋，造成葉片凹凸不平、皺縮，甚至長得很畸形。葉片顏色沒辦法變成綠色，甚至葉片就是長不大，植株矮矮的，結出來的果實凹凸不平，色澤很雜亂、不均。

容易發生的部位

葉片、果實

容易遭受病害的植物

葉菜類、豆科植物、茄科

防治對策

在高溫多雨時，一些刺吸式口器的昆蟲，像是蚜蟲、粉蝨、薊馬都會傳播病害，所以在防治上，就是在這些蟲害的好發季節，就要進行防治。但基本上萬一罹病就要儘早拔除。因為它沒有任何的藥劑可以進行防治跟治療，即使化學藥劑也完全沒有辦法，所以遇到了就拔掉才是最佳方式。另外，定期清除病株、雜草、枯葉和害蟲的寄主植物，就能減少害蟲滋生的環境，避免過量施肥，可減少感染機率。

3 疫病罹病的狀況，最典型就是葉片上會有一些水浸狀，不規則的病斑出現，果實組織軟爛。

4 罹患疫病的果實，組織會比較軟爛，會有一些菌絲跑出來。

5 莖基部也會出現褐色病斑，一旦感染，會出現皺縮，導致植物就沒辦法吸收水分而死亡。

❀ 疫病

是什麼樣的疾病？

疫病罹病的狀況，最典型就是葉片上會有一些水浸狀，不規則的病斑出現，且組織會比較軟爛，會有一些菌絲跑出來。莖基部也會出現褐色病斑，一旦感染，會出現皺縮，導致植物就沒辦法吸收水分而死亡。

容易發生的部位

葉片、果實

其他容易遭受病害的植物

辣椒、甜椒、番茄、茄子、瓜類，以及蘭花、常春藤、扶桑、海豚花、夏堇、瑪格莉特菊都容易感染。

防治對策

全年都要做好防治。在高溫多雨時，一些刺吸式口器的昆蟲，像是蚜蟲、粉蝨、薊馬都會傳播病害，所以在防治上，就是在這些蟲害的好發季節，就要進行防治。看到葉片上面有病斑出現就要趕快拔除，並且針對重點部位可以使用市售的波爾多液來做防治，每隔 7 天噴一次連續 2-3 次。另外還可以用一些礦物油類把他的孢子覆蓋住，使其失去活性。

1 炭疽病如果發生在果實並蔓延開來，基本上就是零收成，對於果實蔬菜類來說是嚴重的病害。

2 在梅雨季高溫多濕的環境之下就容易發生此病，早疫病也是如此。

3 如果看到葉片上面有炭疽病的病斑出現，就要儘快拔除，或者在重點部位開始噴藥來進行防治以免蔓延到果實，造成果實出現病斑。

✤ 炭疽病

是什麼樣的疾病？

很容易造成葉片上面的危害。還有對於果實也具有一定的傷害性。尤其如果在果實蔓延開來，會影響到收成。對於觀葉植物來說，就會嚴重影響到外觀，甚至會造成植株死亡，在草莓、芋頭、蘋果、柑橘類、豆科都很常見。如果看到葉片上面有炭疽病的病斑出現，就要儘快拔除，或者是說看到一點一點的病斑時就要針對重點部位開始噴藥來進行防治。

防治對策

在梅雨季高溫多濕的環境之下就容易發生此病，下雨天病害發生的嚴重程度會提高很多。如果看到葉片上面有炭疽病的病斑出現，就要趕快把它拔除，或看到一點一點的病斑時就針對重點部位開始噴藥來進行防治。另外，有機無毒的資材，例如肉桂油、波爾多液、石灰硫磺合劑都可以拿來使用。波爾多液在寒冷、潮濕的環境下，沒有辦法蒸散，退去的時間會比較慢，另外因為它有加硫酸銅，所以在葉片上比較容易引起藥害。另外，波爾多液和石灰硫磺合劑使用時須注意，必須要相隔10天以上。

4　疫病罹病的狀況，最典型就是葉片上會有一些水浸狀、不規則的病斑出現，且果實組織變得軟爛。

5　罹患疫病結出來的果實，組織會比較軟爛，會有一些菌絲跑出來。

6　一旦感染，莖基部也會出現褐色病斑，會導致整個果實變得軟軟爛爛，甚至死亡。

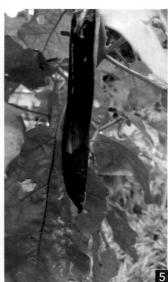

✹ 疫病

是什麼樣的疾病？

疫病罹病的狀況，最典型就是葉片上會有一些水浸狀、不規則的病斑出現，且組織會比較軟爛，會有一些菌絲跑出來。莖基部也會出現褐色病斑，一旦感染，會出現皺縮，導致植物就沒辦法吸收水分而死亡。

容易發生的部位

葉片、果實

其他容易遭受病害的植物

辣椒、甜椒、番茄、茄子、瓜類，以及蘭花、常春藤、扶桑、海豚花、夏堇、瑪格莉特菊都容易感染。

防治對策

全年都要做好防治。在高溫多雨時，一些刺吸式口器的昆蟲，像是蚜蟲、粉蝨、薊馬都會傳播病害，所以在防治上，就是在這些蟲害的好發季節，就要進行防治。看到葉片上面有病斑出現就要趕快拔除，並且針對重點部位可以使用市售的波爾多液來做防治，每隔 7 天噴一次連續 2-3 次。另外還可以用一些礦物油類把他的孢子覆蓋住，使其失去活性。

7　薊馬以口器穿刺植物的表皮細胞，然後吸食植物的汁液，這樣的攝食方式可能會導致植物的生長受阻，果實出現凹凸不平。

8　薊馬會攝食果實表面，造成果皮上出現小斑點、凹陷或裂紋等損傷。

9　雖然薊馬本身不是病原體的傳播者，但牠們的攻擊可能創造了植物組織受傷口，使得病原體更容易進入植物體內，引發病害。

🐛 薊馬

是什麼樣的害蟲？

薊馬常潛於果蒂內再由上往下危害，會攝食果實表面，造成果皮上出現小斑點、凹陷或裂紋等損傷，不僅影響果實的外觀，還可能使果實容易受到其他害蟲或病原體的感染。另外，大規模的薊馬攻擊會影響到果實的生長和發育，導致果實變小或變形，失去正常形狀進而減少產量，甚至可能會在果皮上造成微小傷口，而這些傷口可能成為病原體的入口，增加果實感染病害的風險。

防治對策

全年都要做好防治。在高溫多雨時，一些刺吸式口器的昆蟲，像是蚜蟲、粉蝨、薊馬都會傳播病害，所以在防治上，就是在這些蟲害的好發季節，就要進行防治。看到葉片上面有病斑出現就要趕快拔除，並且針對重點部位可以使用市售的波爾多液來做防治，每隔 7 天噴一次連續 2-3 次。另外還可以用一些礦物油類把他的孢子覆蓋住，使其失去活性。

10 青枯病發生初期，部分枝之葉片萎凋。

11 白色粉末是白粉病的菌絲孢子，之後會在葉片上出現許多病斑，當變成一整片覆蓋葉片就會影響到光合作用。

12 蝸牛好發期從 11 月到隔年的 5 月，會啃食植物的葉片，會使蔬菜的光合作用受損，影響生長和產量。

✿ 青枯病

是什麼樣的疾病？

青枯病又稱為細菌性萎凋病。是會讓植株從葉片開始枯萎最後慢慢的枯死。主要是因為青枯病菌本身會分泌一些物質把堵塞維管束使根部無法吸收水分，所以再怎麼澆水，都沒有辦法恢復，整個植株都會被感染。

✿ 白粉病

是什麼樣的疾病？

一開始是一塊圓形的白灰色病斑，白色粉末是它的菌絲跟孢子。之後會在葉片上出現許多病斑，當病斑聚集在一起變成一整片覆蓋整個葉片影響到光合作用，葉片就容易枯死。春天跟秋天氣候比較乾燥或不通風時危害會比較嚴重。

✿ 蝸牛

是什麼樣的害蟲？

蝸牛會啃食植物的葉片，使蔬菜的光合作用受損，影響生長和產量，除了葉片，果實也容易發生。包括葉菜類、瓜類及水果類等等，蝸牛除了會蠶食葉片，花、蕾、新芽也會遭受啃食。

防治對策

一開始就要選能抗病或耐病是最好的。其次，要大量運用土壤裡面的有機質，或是添加甲殼粉在裡面，就可以有效降低青枯病在土壤裡面傳播的狀況。生物防治方式，有一些像是螢光假單胞菌，能對植物病原細菌產生拮抗作用。

防治對策

白粉病很見，喜歡乾燥的環境，所以可以用灑水達到防治的效果。基本上保持好濕度，好發率就不會那麼高。在剛種下去的植物噴市售的波爾多液來做防治，每隔 7 天一次連續 2-3 次。

防治對策

蝸牛好發期從 11 月到隔年的 5 月，所以防治時，可在植株周圍撒上矽藻土、鋸木屑、澱粉、石灰等，當蝸牛行經後會附著在體表上，造成體液黏度增加進而影響到行動，如此就能有效避免蝸牛入侵。

番茄的病蟲害

番茄通常在播種後60天內可以採收。長較高的番茄植株需要支撐，可以使用枝條或番茄籠來支撐植株，以防止植株倒伏。另外，及時修剪多餘的葉子和枝條，保持植株通風與光合作用順利進行。

番茄生長期易感染病蟲害一覽表

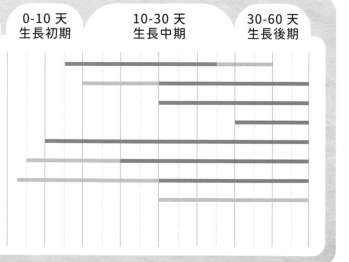

■ 主要病蟲害　■ 次要病蟲害

生長天數	0-10 天 生長初期	10-30 天 生長中期	30-60 天 生長後期
細菌性斑點	■■■■■	■■■■■	
白粉病		■■■■	
疫病		■■■	
夜蛾類			■■
萎凋病	■■■■■	■■■■■	■■■■■
蚜蟲	■■■■	■■■■	
潛葉蠅	■■■		
銀葉粉蝨		■■	

❋ 早疫病・晚疫病

1 受感染的葉片上會出現斑點，這些斑點會逐漸擴大，融合成大片的葉子褐化區域。受感染的葉片可能會逐漸變黃，最終導致葉片凋萎。

2 在梅雨季高溫多濕的環境之下就容易發生早疫病。

3 在受感染的果實上會出現水浸斑點，水浸斑點逐漸變成帶有灰綠色黴層的斑點。這些斑點很快擴大。

4 番茄晚疫病不僅影響葉片，也可以引起果實的變形。當果實受到晚疫病侵襲時，可能會變得不規則，失去典型的圓形或橢圓形狀。

5 番茄晚疫病會危害番茄的葉、莖、花以及果實，嚴重時全株葉片焦枯、植株死亡。

6 受感染的果實，有時會出現表面凹陷、某些部位出現皺縮，顏色上有不正常的變化，可能變得更暗，失去鮮豔的顏色。

是什麼樣的疾病？

早疫病的早期病徵包括外圍有一圈黃黃淡淡；中間部位則隨著輪紋越來越大，會變成淺褐色。受感染的葉片最終可能枯死。晚疫病在低溫高濕環境時則不僅影響葉片，還可能直接侵害整株作物。晚疫病一開始會出現綠褐色水浸狀圓斑，之後病斑會迅速變大，不但會危害番茄的葉、莖、花以及果實，嚴重時全株葉片焦枯、植株死亡。

防治對策

疫病罹病的狀況，最典型就是葉片上會有一些水浸狀，不規則的病斑出現，且組織會比較軟爛，會有一些菌絲跑出來。莖基部也會出現褐色病斑，一旦感染，會出現皺縮，導致植物就沒辦法吸收水分而死亡。如果看到葉片上面有炭疽病的病斑出現，就要趕快把它拔除，或者是說看到一點一點的病斑時就要針對重點部位開始噴藥防治。另外，使用有機無毒的資材，如肉桂油、波爾多液、石灰硫磺合劑都可以。定植後開始使用能誘導防禦機制的亞磷酸，一週一次連續 3-4 次，能夠降低病害發生率。

7 細菌性斑點病害影響番茄植株的葉片、果實和莖部，通常在濕潤和溫暖的條件下傳播。

8 最初受感染的葉片上會出現小水浸狀斑點。這些斑點通常是濕潤的，感覺粘滑。

9 斑點可能會逐漸合併，形成較大的受感染區域。受感染區域周圍的葉片組織可能逐漸變黃，在濕潤條件下，病斑可能會更快地擴散。

❀ 細菌性斑點病

是什麼樣的疾病？

細菌性斑點病在潮濕和溫暖的氣候條件下特別容易傳播。受感染的葉片上出現小水浸狀斑點，這些斑點通常開始是淡黃色或淡綠色的，後來可能變為深綠色或褐色。斑點可能逐漸擴大並融合，形成大面積的受感染區域。如果細菌性斑點病影響到果實，那麼果實表面也可能出現水浸狀斑點。這種病害不僅影響番茄，還可能影響辣椒、馬鈴薯、茄子等茄科植物。

防治對策

番茄細菌性斑點病的傳播通常透過雨水、灌溉水、昆蟲或受感染植株的接觸傳播。為了預防和管理細菌性斑點病，可以採取措施，如適時澆水、使用抗性品種、及時清除受感染的植株，並且避免在濕潤條件下處理植株，以減少病害的傳播。

10 白粉病是常見的真菌性病害，葉片上出現好多的病斑，當病斑聚集在一起變成一整片覆蓋整個葉片影響到光合作用，葉片就容易枯死。

11 感染病毒病的葉片或花瓣的顏色會呈現馬賽克狀，葉片和莖會變黃、萎縮，還有葉了、花和果實會產生畸形。

12 感染到軟腐病的作物通常都是會造成軟軟爛爛的現象，好發的部位就是葉片，或是莖基部。

❀ 白粉病

是什麼樣的疾病？

一開始是一塊圓形的白灰色病斑，像粉筆灰撒在上面，白色粉末是它的菌絲跟孢子，隨著風飄散感染其他的部位或其他的植株。之後會在葉片上出現好多的病斑，當病斑聚集在一起變成一整片覆蓋整個葉片影響到光合作用，葉片就容易枯死。

❀ 病毒病

是什麼樣的疾病？

病毒性疾病的起因是嵌紋病毒，所以它在葉片上面會像馬賽克一樣鑲嵌不同的黃綠色斑紋，造成葉片凹凸不平、皺縮，甚至長得很畸形。葉片顏色沒辦法變成綠色，甚至葉片就是長不大，植株矮矮的，結出來的果實凹凸不平，色澤很雜亂、不均。

❀ 細菌性軟腐病

是什麼樣的疾病？

好發的時間點大概就是在5-6月，當土壤的濕度較高，再加上氣溫高發病就會很嚴重。一開始會有小圓點水浸狀，然後以同心圓的方式向外擴散，整個組織會變得水水爛爛的同時，會伴隨惡臭。

防治對策

白粉病喜歡乾燥的環境，所以可以用灑水達到防治的效果。剛種下去的番茄噴市售波爾多液來做防治，每隔 7 天一次連續2-3 次。也可以應用在露菌病、疫病、銹病、黑斑病等。另外還可以用一些礦物油把他的孢子覆蓋住，使其失去活性。

防治對策

在高溫多雨的時候，一些刺吸式口器的昆蟲，像是蚜蟲、粉蝨、薊馬都會傳播病害，所以在防治上，就是在這些蟲害的好發季節，就要進行防治。但基本上如果罹患就要儘早拔除。因為它沒有任何的藥劑可以進行防治跟治療，即使化學藥劑也完全沒有辦法，所以遇到了就拔掉才是最佳方式。

防治對策

排水系統要儘量做好，不要有積水避免根部長期泡在水裡面，導致根系無法呼吸而爛根，病菌很容易跑進去。看到被感染的作物，一定要拔除，以免病菌隨著雨水到處跑。另外施肥時氮肥不可太多，因為如果氮肥太多作物長太快，細胞組織就會變得鬆散，病害就容易入侵。

🐛 青蟲

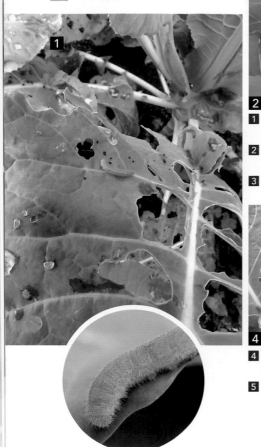

1 青蟲主要以蔬菜葉片為食，被吸食過的葉片，會產生許多小洞或不規則形狀的斑點。

2 牠們會在葉片上留下更容易察覺的深色糞便，沿著找就能找到蟲蟲蹤跡。

3 及早發現並採取措施對抗青蟲是最重要的，因為牠們可以迅速繁殖並對蔬菜產生嚴重的破壞。

4 定期檢查蔬菜葉片的上、下表面，在葉片的邊緣和葉脈附近很容易找到青蟲的蹤跡。

5 會造成葉片形成不規則之孔洞，吃成殘破不堪的破碎狀，有些還會啃咬葉柄，讓整株植物都不堪食用。

是什麼樣的害蟲？

是紋白蝶幼蟲時期，牠的食量很大，通常會由葉緣開始蠶食葉片，然後呈現一些不規則的形狀，嚴重的時候，會吃到只剩下葉脈。比較明顯的一個特徵就是在那個葉片危害的附近，會發現留下牠的一些黑色大便。

容易發生的部位

幾乎所有蔬果的葉片都會發生。

容易遭受蟲害的植物

大部分都是十字花科，還有芸香科柑橘類的蔬果牠會比較喜歡。

防治對策

2 月到 5 月比較嚴重。因為所有的昆蟲類能夠用網子作為隔絕，所以架防蟲網是第一要務。若選擇噴藥，以一般家庭園藝來說，會建議蘇力菌與矽藻素一起配合使用，對於這些鱗翅目的幼蟲不管是紋白蝶或者是其他的夜蛾類，防止效果非常好。因為蘇力菌含有毒蛋白從內部攻擊，矽藻素是結晶狀，當毛毛蟲在行進的時候，晶體可以劃破牠的皮膚造成外傷，很容易就可以殲滅。

6 小菜蛾的幼蟲被觸動時會吐絲下垂，是以蔬菜葉片為主，危害廣泛。

7 通常夜蛾類的番茄夜蛾、甜菜夜蛾、斜紋夜蛾都會危害葉片，尤其是新葉的部分，曾被牠咬成一個洞、一個洞不規則的形狀。

8 疫病罹病的狀況，最典型就是葉片上會有一些水浸狀，不規則的病斑出現，且組織會比較軟爛。

✳ 小菜蛾

是什麼樣的害蟲？

小菜蛾的幼蟲被觸動時會吐絲下垂，所以又稱為吊絲蟲。是以蔬菜葉片為主，由於其繁殖能力強，抗藥性高，危害廣泛，比如十字花科植物的高麗菜、大白菜、芥菜、油菜等。

✳ 夜蛾類

是什麼樣的害蟲？

夜蛾類的番茄夜蛾，又稱為青蟲或是鑽心蟲；斜紋夜蛾比較常見的就是行軍蟲、夜盜蟲。通常番茄夜蛾、甜菜夜蛾、斜紋夜蛾都會危害葉片，尤其是新葉的部分，會被牠咬成一個洞、一個洞不規則的形狀，會從葉緣開始咬出不規則的缺刻狀。

✳ 疫病

是什麼樣的疾病？

疫病罹病的狀況，最典型就是葉片上會有一些水浸狀，不規則的病斑出現，且組織會比較軟爛，會有一些菌絲跑出來。莖基部也會出現褐色病斑，一旦感染，會出現皺縮導致植物就沒辦法吸收水分而死亡。受感染的果實可能出現斑點、褐化、黑化或其他不規則的色斑。這些變化會嚴重影響果實外觀。

防治對策

用網子作隔絕當然最好，或者可以選擇噴藥。一般家庭園藝會建議蘇力菌與矽藻素一起配合使用，因為蘇力菌含有毒蛋白，矽藻素是結晶狀，當小菜蟲在行進的時候，晶體可以劃破牠的皮膚，讓它受到感染。以目前來說，這樣的防治效果是非常好的。

防治對策

通常是在春秋兩季，大概是3-5月、9-11月的這個期間，會比較容易發生，田間剪下來的葉子以及枯枝落葉，要清理乾淨。此外可以設置防蟲網來杜絕蛾類飛過來產卵。蘇力菌跟矽藻素，也是用來防治夜盜蟲的利器，因為夜蛾都是晝伏夜出，通常最好的噴藥時間點在傍晚或者是清晨。還可以搭配精油類讓他有忌避的效果。

防治對策

全年都要做好防治。尤其在高溫多濕的情況下會傳播。另外，看到葉片上面有病斑出現，就要趕快拔除，且針對重點部位用亞磷酸來增加植物的抗性。也可以用波爾多液來進行防治。包括選擇抗病品種、合理施肥、良好的排水系統、定期檢查並清除受感染的植物。

✳ 銹病

1 芭樂銹病是一種由真菌引起的病害，主要影響芭樂樹的葉片，特別是在潮濕和溫暖的環境中更容易傳播。

2 葉片上出現黃色或橙色的小斑點。

3 斑點逐漸擴大，形成褐色或橙色的斑塊，斑塊上表面形成紅褐色的粉狀孢子堆。

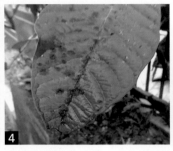

4 就像生銹一樣，在葉片上面會呈現橙色、橘色、紅色橢圓形的小斑點，之後會破裂，長出一些粉，像生銹的鐵屑

5 受感染的葉片可能枯萎、變形或是提前脫落。

是什麼樣的疾病？

銹病顧名思義，就像生銹一樣，是一種由真菌引起的病害，主要影響芭樂樹的葉片，特別是在潮濕和溫暖的環境中更容易傳播。葉片上出現黃色或橙色的小斑點，斑點逐漸擴大，形成褐色或橙色的斑塊，斑塊表面形成紅褐色的粉狀孢子堆，隨著水還有風來進行傳播，對於芭樂的葉片、枝幹和果實造成嚴重損害。豆類、韭菜、蔥、茭白筍、葡萄、花生較常見。

防治對策

好發的時間，大概 11-12月，以及3-4月這個期間會比較嚴重，所以要進行比較積極的防治。如果有看到枯枝落葉，一定要清理乾淨。看到比較嚴重病斑的葉片或植株，也一定要剪除，保持良好的通風也很重要。可以使用礦物油、窄域油這一類的油類把它的孢子覆蓋住，讓它失去活性以達到防治效果。

2020.10.01

🐛 果實蠅

是什麼樣的害蟲？

在臺灣幾乎所有具有經濟價值的果樹，都會受到它的危害。果實蠅的幼蟲是主要的害蟲形態，等到卵孵化後，幼蟲鑽入果實內部，並以果實的組織為食，導致果實變得腐爛、變色，被叮咬處會腐爛、流汁流膠，甚至出現凹陷，有時會造成果實畸形而不適合食用。

防治對策

最好在果實上套上網袋或紙袋，然後將其綁緊，以確保害蟲無法進入。使用黃色黏蟲紙或者是黃色噴膠噴在寶特瓶寶特瓶上來減少族群數量。另外，由於牠們喜歡發酵的味道，所以也可以買市售酵母錠來當作誘餌把牠吸引過來消滅。或是市售的費洛蒙誘捕器也可以達到減少族群的效果。

❈ 煤煙病

是什麼樣的疾病？

煤煙病一年四季都會發生，且主要會跟蟲害一起發生，尤其是蟲害多的時候，基本上在植株上應該都可以看到煤煙病的蹤跡。它的癥狀就是在葉片上面或枝條上面覆蓋了一層類似煤煙的黑色黴狀物，黴菌跟蚜蟲、介殼蟲、木蝨等只要是會分泌蜜露的昆蟲，都容易出現共生現象。

防治對策

防治一定要先除蟲。也可以用三元硫酸銅，稀釋 800 倍以後來殺菌。油類就依包裝上的說明使用即可。比較特別，比如小蘇打，可以用水稀釋大概 300 倍，直接噴在比較嚴重的部位，大概一個禮拜噴一次，連續 3-4 次。

🐛 葉蟎

是什麼樣的害蟲？

蟎類的口器會刺入植物體裡面的組織，因為牠很小，所以在葉片上面，就會出現非常細小的小白斑，一點一點密密麻麻，那個就是牠的危害症狀，如果在葉片上看起來霧霧的，甚至是一整片，基本上就已經很嚴重了。

防治對策

有機無毒的方式，以效果來說，還是以有機藥劑來得有效，使用苦楝油、宰域油的防治效果也非常好。不過在高溫時一定要避免使用這些油劑，以免讓葉面受傷，並要注意稀釋倍數，最好可以從低濃度、高倍數的例如1：1500 倍，往下使用。

柑橘的病蟲害

在種植前要先對土壤進行測試，瞭解土壤的pH值和養分含量。柑橘喜歡稍微酸性到中性的土壤。如果土壤的酸性過高，可以添加石灰來調整pH值。定期修剪植株，保持通風。定期檢查植株，發現任何病蟲害的跡象就要採取措施進行防治。

■ 主要病蟲害　■ 次要病蟲害

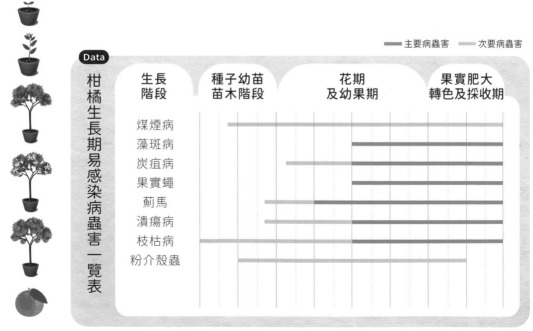

Data

柑橘生長期易感染病蟲害一覽表

生長階段	種子幼苗苗木階段	花期及幼果期	果實肥大轉色及採收期
煤煙病			
藻斑病			
炭疽病			
果實蠅			
薊馬			
潰瘍病			
枝枯病			
粉介殼蟲			

1. 當角肩椿象被觸碰到時，常會射出臭液，因此不僅會造成葉片灼傷，一旦接觸到皮膚或眼睛，就有可能引起過敏，且味道奇臭無比。

2. 椿象的種類非常多，而且不論在體型大小上，或者在外觀的紋路或身體顏色都不盡相同。

3. 角肩椿象會對植物造成的影響，在於新芽、葉，或者蔬果類的果實，不僅會造成生長遲緩，也有可能導致植株枯死。

角肩椿象

是什麼樣的害蟲？

容易發病的部位主要是在嫩葉以及嫩果上面，如果被牠刺吸後，新葉的部分會展不開，就算展開也會變得畸形，且被叮咬過的部位，會出現一圈黃黃的，那就是被咬過的痕跡。會對植物造成的影響，在於新芽、葉，或者蔬果類的果實，不僅會造成生長遲緩，也有可能導致植株枯死。

防治對策

養成隨時觀察植物的習慣。一旦發現幼蟲和成蟲就立刻撲滅。牠們會藏身在落葉底下或雜草地，並且能在這些地方越冬，所以落葉和雜草的清理要徹底執行，不要讓牠們有機會越冬。在其出沒時間，可直接移除，還有檢查葉片上是否有卵片，如果發現，直接摘除即可。防治方式，可以用市售的蒜頭煤油來進行防治。如果要自行調配，可以用清水：煤油：洗碗精：蒜泥＝5：2：2：1的比例進行混合即可。除了椿象，對於防治蚜蟲、青蟲、金龜子、螞蟻等等，也有同樣效果。

7. 白粉病在春天跟秋天氣候比較乾燥且光線沒有那麼充足以及不通風的環境下，危害會比較嚴重。

8. 炭疽病的病徵是呈現出深褐色的輪紋，且很容易造成葉片的危害，在梅雨季高溫多濕的環境之下容易發生。

9. 葉片被毒蛾幼蟲啃咬之後，就會出現不規則的孔洞。養成時常觀察葉片的習慣，如果發現幼蟲或是蛹，就要立刻抓捕。

❋ 白粉病

是什麼樣的疾病？

一開始是一塊圓形的白灰色病斑，像粉筆灰撒在上面，白色粉末是它的菌絲跟孢子，隨著風飄散感染其他的部位或其他的植株。之後會在葉片上出現好多的病斑，當病斑聚集在一起變成一整片覆蓋整個葉片影響到光合作用，葉片就容易枯死。

❋ 炭疽病

是什麼樣的疾病？

很容易造成葉片上面的危害。還有對於果實也具有一定的傷害性。尤其如果在果實蔓延開來，會影響到收成。對於觀葉植物來說，就會嚴重影響到外觀，甚至會造成植株死亡，在草莓、蘋果、柑橘類、豆科都很常見。

🐛 黃毒蛾

是什麼樣的害蟲？

臺灣黃毒蛾又為刺毛蟲，牠有一個特性就是容易群聚，會從葉緣開始咬起，會把葉緣咬成一個個切口，然後會越來越大。嚴重的時候呢，整片葉子只會剩下葉脈，其他葉肉全部被吃光。

防治對策

白粉病菌喜歡乾燥的環境，所以可以用灑水達到防治的效果。另外，還可以在剛種下去的植物每隔 7天噴市售的波爾多液來做防治，連續 2-3次，可以誘導植物啟動防禦機制來對抗這些病害。像是露菌病、疫病、銹病、潰瘍病、黑斑病及細菌性斑點病等等。另外還可以用一些礦物油把它的孢子覆蓋住，使其失去活性。

防治對策

在梅雨季高溫多濕的環境之下就容易發生此病，如果看到葉片上面有炭疽病的病斑出現，就要趕快把它拔除，或者是說看到一點一點的病斑時就針對重點部位開始噴藥來進行防治。另外，有機無毒的資材，例如肉桂油、波爾多液、石灰硫磺合劑都可以拿來使用。

防治對策

以夏季6-7月發生機率最高，尤其是如果剛好碰到旱季，群聚性更容易爆發。看到葉片上有牠的卵塊，就要直接把葉片拔除，如果是在枝條上的繭或蛹，就把牠拉掉。或者利用可以防治毒蛾的天敵，像是寄生蠅或者姬蜂科的昆蟲。而最有效的方式是，跟大部分的鱗翅類昆蟲一樣的有機防治方式，可以使用蘇力菌加矽藻素，或者可以考慮使用印楝素。

檸檬的病蟲害

檸檬樹需要排水良好的土壤，這樣可以防止水分積聚在根部周圍，避免根部受損。土壤的pH值應該在6.0到7.5之間，這樣有利於檸檬樹的生長。確保土壤中含有足夠的營養素，特別是氮、磷和鉀，這些營養素對檸檬樹的生長和結果非常重要。

━━ 主要病蟲害　　━━ 次要病蟲害

Data

檸檬生長期易感染病蟲害一覽表

生長階段	種子幼苗苗木階段	花期及幼果期	果實肥大轉色及採收期
黑點病			
藻斑病			
炭疽病			
果實蠅			
薊馬			
潰瘍病			
枝枯病			
粉介殼蟲			

1 刺粉蝨主要攻擊柑橘植物，包括柳丁、檸檬、橘子等。牠會直接刺吸葉片汁，一旦柑橘刺粉蝨群聚，所分泌的蜜露，會誘發煤煙病，導致柑橘的枝葉變黑而影響到光合作用。

刺粉蝨

是什麼樣的害蟲？

在夏、秋兩季的發生率最高，主要攻擊柑橘類植物，包括柳丁、檸檬等。牠會直接刺吸葉片汁，一旦柑橘刺粉蝨群聚，所分泌的蜜露，會誘發煤煙病，導致柑橘的枝葉變黑，進而影響到光合作用。

容易遭受蟲害的作物

主要是柑橘的植物，包括柳丁、檸檬、橘子等等。

防治對策

為了防止刺粉蝨的傳播，可以採取一些措施，例如定期檢查植物，使用天敵防治，例如草蛉、瓢蟲，牠們是刺粉蝨的天敵，可以幫助控制害蟲數量。或者使用高壓水噴射將刺粉蝨從植物表面沖洗下來，減少害蟲的數量。或者可以使用大型補蟲誘捕器，吸引刺粉蝨飛到光源處，然後予以消滅。

2 黑點病感染初期，在果實的表面形成較大的黑點，且黑點會略微突出，摸起來有粗糙感。到了後期黑點會比較小，這些斑點為黑色或深褐色，也是黑點病的主要病徵之一。

✿ 黑點病

是什麼樣的疾病？

黑點病感染初期，在果實的表面形成較大的黑點，且黑點會略微突出，摸起來有粗糙感，到了後期黑點會比較小，這些斑點為黑色或深褐色，也是黑點病的主要病徵之一。如果嚴重感染，不僅會影響果實外觀，還可能導致品質下降。

容易遭受病害的作物

柳丁、檸檬、橘子

防治對策

保持檸檬樹的健康狀態是預防病害的第一步。這包括適當的灌溉、良好的空氣流通、適當的修剪，清除樹上及地面的檸檬枯枝，而帶病的枯枝是主要的傳染源，所以一定要做好清園，減少傳染途徑，來確保樹木具有強大的抵抗力。還有要減少施用氮肥，因為過量的氮肥可能促使植物過度生長，而形成脆弱的結構，也可能降低植物的抵抗力，使其更容易受到病蟲害的侵害。

草莓的病蟲害

草莓對排水性要求非常高。避免選擇容易積水的土壤，以免草莓根系受損。可以選擇沙質土壤或者混合土壤，有助於水分迅速排除。此外，土壤應該有良好的通氣性，這樣可以確保草莓根部得到足夠的氧氣，要避免使用過度壓實的土壤。另外草莓適合在偏酸性的土壤內種植。

━━ 主要病蟲害　　━━ 次要病蟲害

Data

草莓生長期易感染病蟲害一覽表

生長階段	種子幼苗階段	花期及幼果期	果實肥大轉色及採收期
灰黴病			
白粉病			
炭疽病			
疫病			
薊馬			
夜蛾			
葉蟎			
粉介殼蟲			

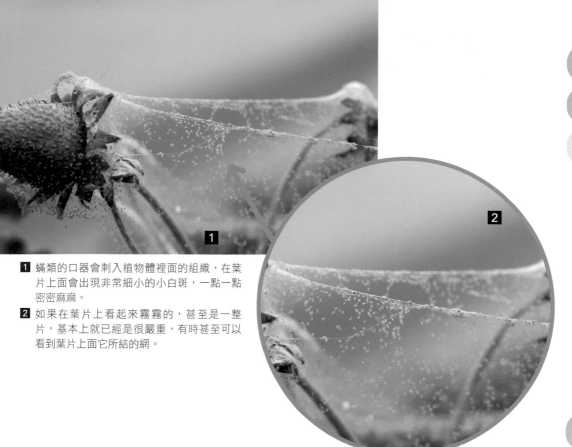

1 蟎類的口器會刺入植物體裡面的組織，在葉片上面會出現非常細小的小白斑，一點一點密密麻麻。

2 如果在葉片上看起來霧霧的，甚至是一整片，基本上就已經是很嚴重，有時甚至可以看到葉片上面它所結的網。

葉蟎

是什麼樣的害蟲？

葉蟎分為二點葉蟎跟神澤葉蟎。蟎類的口器會刺入植物體裡面的組織，因為牠很小，所以在葉片上面，就會出現非常細小的小白斑，一點一點密密麻麻，那個就是牠的危害症狀。如果在葉片上看起來霧霧的，甚至是一整片，基本上就已經是很嚴重，有時甚至可以看到葉片上面它所結的網，非常細，像蜘蛛絲，會隨風飄逸，一看就知道是二點葉蟎危害的症狀。

其他容易遭受蟲害的作物

蔬果類比較常見的像是甜瓜、草莓、梨、蘋果、楊桃、木瓜等為主要的感染作物，這些也通常比較具經濟價值。

防治對策

若要採有機無毒的方式，可以利用天敵。像是草蛉、瓢蟲這些都是二點葉蟎的天敵，還有小黑椿象也是。藉由天敵的施放，或把周遭的環境生態建立起來，蟎類危害就會比較少，但以效果來說，還是以有機藥劑來得有效，甚至使用苦楝油、窄域油的防治效果也非常好。另外，也可以使用葵無露來做為防治。

✿ 褐斑病

是什麼樣的疾病？

罹病的葉片會提早黃化，接著枯萎。除了在葉片上面，其實在莖幹、果實上也都可以看得到這個點中間是灰灰的，周圍有黃暈，之後會慢慢的擴大，再變成不太規則的斑點，然後黃暈會更明顯。接下來可能中間會開始破洞。或者全部的病斑都連在一起，之後葉片就枯萎，這是比較典型的癥狀。

防治對策

喜歡高溫多濕，所以從梅雨季一直到秋天颱風來時，這段期間都要做好預防措施，基本上病害最好都在雨季之前就做好防範。防治上面可以用波爾多液，或者是蕈狀芽孢桿菌。最重要就是萬一罹病，一定要把殘渣落葉，或者是罹病太嚴重的葉片修剪移除掉。還有所使用的器具要做好消毒，避免雨水飛濺，保持通風以及避免容器積水。

✿ 葉枯病

是什麼樣的疾病？

病徵初期為水浸狀斑點，主要危害於葉、柄。一旦葉片受害，會產生褐色小斑，隨後形成淡黃褐色的壞疽病斑，之後會逐漸擴大成不規則病斑，表面會呈現淡褐色，葉片反面則呈現出紅褐色甚至是黑色，在邊緣可以明顯觀察到黃色暈環。嚴重時，病斑會布滿整個葉面，直到植株枯死。

防治對策

基本上一年四季都會有，但5-10月高溫的季節更容易發生，所以一定要嚴防並且多注意。首先，選擇比較抗病的健康種苗，其次，看到染病的病株要立刻拔掉，以免感染到其他的植株。防治上面可以用波爾多液，或者是蕈狀芽孢桿菌。最重要就是萬一罹病，一定要把這些殘渣落葉，或者是罹病太嚴重的葉片修剪移除掉。

✿ 灰黴病

是什麼樣的疾病？

這個病害主要是真菌所引起，大部分都會危害幼嫩的葉片、果實還有蒂頭的部位。在危害這些部位以後會造成軟腐、發黴長出一層灰色的黴菌。

防治對策

在高溫多濕的情況下容易傳播。主要防治方式是看到葉片上面有病斑出現，就要趕快拔除，且針對重點部位用亞磷酸來增加植物的抗性。也可以用液化澱粉芽孢桿菌的市售產品，它會有一個孢子化的狀態，碰到水後才會激起它的活性形成一個保護膜，達到預防效果。液化澱粉芽孢桿菌可以用活力磷寶來取代。

無花果的病蟲害

在種植無花果樹之前，建議進行土壤測試，以確定土壤的酸鹼度和營養狀況，並根據測試結果進行必要的土壤改良。這樣可以確保無花果樹在健康的環境中生長，並且結出美味的果實。

━━ 主要病蟲害　━━ 次要病蟲害

Data

無花果生長期易感染病蟲害一覽表

生長階段	種子幼苗苗木階段	花期及幼果期	果實肥大轉色及採收期
疫病			
炭疽病			
病毒病			
果實蠅			
葉蟎			
介殼蟲			
紅蜘蛛			
粉蝨			

大頭菜的病蟲害

大頭菜的根系不耐積水，因此需要選擇排水良好、肥沃、適中酸鹼度和陽光充足的土壤，並保持土壤的疏鬆性，就能提供良好的生長環境，有利於大頭菜順利生長。

Data　大頭菜生長期易感染病蟲害一覽表

■ 主要病蟲害　　■ 次要病蟲害

生長階段	播種育苗定植		幼果期		果實肥大採收期
病毒病					
黑腐病					
青蟲					
小菜蛾					
黃條葉蚤					

🐛 青蟲

是什麼樣的害蟲？

青蟲就是紋白蝶的幼蟲時期，一般來說，牠的食量很大，通常會由葉緣開始蠶食葉片，然後呈現一些不規則的形狀，嚴重的時候，會吃到只剩下葉脈。大部分的十字花科還有芸香科柑橘類的蔬果都難逃牠的肆虐。

🐛 夜蛾類

是什麼樣的害蟲？

斜紋夜蛾比較常見的就是行軍蟲、夜盜蟲。都會危害葉片，尤其是新葉，會從葉緣開始咬出不規則的缺刻狀。也會在葉背產卵，等到孵化後，就會開始啃咬嫩芽部位。葫蘆科瓜類、茄科的番茄甜椒、十字花科等都容易遭受蟲害。

🐛 蚜蟲

是什麼樣的害蟲？

蚜蟲會分泌蜜露而誘發煤煙病，牠也是媒介昆蟲，會傳播一些病毒。不論是成蟲或是幼蟲，通常都喜歡群聚在嫩芽的地方，還有葉背，基本上所有作物都有可能發生。

防治對策

2 月到 5 月比較嚴重，可以用網子作為隔絕，如果沒有網子，可以選擇蘇力菌與矽藻素一起配合使用，這是因為蘇力菌含有毒蛋白，矽藻素是結晶狀，當毛毛蟲在行進的時候，晶體可以劃破牠的皮膚，讓牠受到感染。所以蘇力菌從內部攻擊，然後外面又有矽藻素結晶狀造成的外傷，很容易就可以殲滅。

防治對策

在春秋兩季必須把田間剪下來的葉子及枯枝落葉清理乾淨。設置防蟲網讓蛾類不要飛過來產卵，另外，蘇力菌跟矽藻素，也是用來防治夜盜蟲的利器。

防治對策

一年四季都要做預防，如果使用有機無毒的防治方式，可以用市面上也有賣的草蛉幼蟲，因為牠是以蚜蟲為主食。或者可以利用油劑防治方式也蠻有效，比如可以使用葵無露、窄域油、苦楝油、樟腦油或是柑橘精油這一類做為防治，效果也很不錯，治效的重點就是在新葉的地方，還有葉背，一定要做重點噴灑。

台灣廣廈 國際出版集團 Taiwan Mansion International Group

國家圖書館出版品預行編目（CIP）資料

常見蔬果病蟲害天然防治大全：在家最常種的葉菜×瓜果花菜×根莖辛
香類病蟲害，從根治到預防全圖解！／蘋果屋綠手指編輯部作. -- 初版. --
新北市：蘋果屋, 2023.12
　　面；　公分
　ISBN 978-626-97781-7-1（平裝）
　1.CST: 蔬菜　2.CST: 水果　3.CST: 植物病蟲害

433.3　　　　　　　　　　　　　　　　　　　112020153

常見蔬果病蟲害天然防治大全
在家最常種的葉菜×瓜果花菜×根莖辛香類病蟲害，從根治到預防全圖解！

作　　　者／蘋果屋綠手指編輯部	編輯中心編輯長／張秀環
監　　　修／吳鴻均	封面設計／張家綺・內頁排版／菩薩蠻數位文化有限公司
攝　　　影／牟榮楚、張秀環	製版・印刷・裝訂／東豪・弼聖・秉成

行企研發中心總監／陳冠蒨	線上學習中心總監／陳冠蒨
媒體公關組／陳柔彣	數位營運組／顏佑婷
綜合業務組／何欣穎	企製開發組／江季珊、張哲剛

發　行　人／江媛珍
法律顧問／第一國際法律事務所 余淑杏律師・北辰著作權事務所 蕭雄淋律師
出　　　版／蘋果屋
發　　　行／蘋果屋出版社有限公司
　　　　　　地址：新北市235中和區中山路二段359巷7號2樓
　　　　　　電話：（886）2-2225-5777・傳真：（886）2-2225-8052

代理印務・全球總經銷／知遠文化事業有限公司
　　　　　　地址：新北市222深坑區北深路三段155巷25號5樓
　　　　　　電話：（886）2-2664-8800・傳真：（886）2-2664-8801
郵政劃撥／劃撥帳號：18836722
　　　　　　劃撥戶名：知遠文化事業有限公司（※單次購書金額未達1000元，請另付70元郵資。）

■出版日期：2023年12月　　　　　ISBN：978-626-97781-7-1
　　　　　　　　　　　　　　　　版權所有，未經同意不得重製、轉載、翻印。